自控力

中国上乘守心之道

魏勇◎著

时事出版社

图书在版编目(CIP)数据

自控力:中国上乘守心之道 / 魏勇著.—北京:时事出版社,2015.8

ISBN 978-7-80232-859-4

Ⅰ.①自… Ⅱ.①魏… Ⅲ.①自我控制-通俗读物 Ⅳ.①B842.6-49

中国版本图书馆 CIP 数据核字(2015)第149385号

出版发行:时事出版社
地　　址:北京市海淀区万寿寺甲2号
邮　　编:100081
发行热线:(010)88547590　88547591
读者服务部:(010)88547595
传　　真:(010)88547592
电子邮箱:shishichubanshe@sina.com
网　　址:www.shishishe.com
印　　刷:北京建泰印刷有限公司

开本:787×1092　1/16　印张:18　字数:254千字
2015年8月第1版　2015年8月第1次印刷
定价:32.00元

前言
PREFACE

古语有云：欲左右天下的人，必先左右自己。这说的正是自控力。所谓自控力，就是自我控制的能力，是一个人对自己的言行举止、情绪心态以及为人处世施加的控制。换句话说，自控力具体表现为一个人对自己的心灵修养和生活实践两个方面的掌控能力。

在心灵修养上，自控力表现为得意时能沉下心、急躁时能定得住、委屈时能受得起、愤怒时能笑得出、痛苦时能忍得住、烦乱时能静下来、情迷时能站得稳……这些既是自控，也是修养，直接支配着一个人的人际关系。

在生活实践上，自控力表现为自我管理、管理目标、管理言行、管理时间、管理习惯、管理情绪、管理心态等各个方面。这种自我管理和自我控制既是锻炼，也是实践，直接支配着一个人的人生走向。

一个人之所以能成为强者，之所以能称之为成功，不是因为他战胜对手，而是因为战胜了自己，因为他的命运被攥在了他自己的手中，无须他人来左右。所以说，只有一个拥有极高自控力的人，只有一个能控制住自己的人，才能掌握自己的命运。

而一个人自控能力的强弱程度也并不是天生的，而是需要靠后天培养的。那么，我们该如何培养自己的自控力，从而掌控自己的命运呢？

其实自控力就表现在人们生活的点点滴滴当中，表现在人们行为举止的方方面面上。比如你可以培养自己三思而后行的良好习惯，控制住自己话不经大脑就脱口而出的冲动行为；比如在遇到困境磨难时，你可以尝试着改变自己的心态，心态变了，世界自然就变了……

正是这些在生活和工作中的点滴经历、点滴修炼，才能逐渐培养出自我审视、自我改正、自我控制、自我培养的能力，从而修炼出强大的自控力，守住自己的内心，掌控自己的命运。

人生最大的遗憾，莫过于和别人比较，放弃自己。一个人只有拥有强大的自控能力，把命运攥在自己手里，才能活得理直气壮，才能活得有滋有味，才能让自己在前进的道路上一帆风顺，步步向前。因为在面临诱惑的漩涡时，自控力就是你的中流砥柱。

守心之道，在于自控；自控之道，在于修炼。本书会告诉你修炼强大自控力的奥妙所在，帮助你遇见更优秀的自我。翻开本书，跟着我们一起修炼自控力吧！

目录

上篇 自控力之心灵修养

056 / 【怒】到发指能笑得出 第4章

克制怒气是一种修养，怒中有静是一种自控力。怒到发指的时候更应该保持自己的礼节，才能证明自己的涵养和智慧。世事复杂，多数事不能用生气和发怒解决，而是要留下回旋的余地，让自己有更多的时间思考、处理。

075 / 【苦】到舌根能吃得消 第5章

人生苦短，快乐是短暂的，苦涩却常常跟随我们。苦难是人生必经的历程，它让我们寝食难安，让我们愁肠百结，也让我们从中得到经验和财富，还有关于成长的种种回忆。以更积极的心态面对苦难，会让我们的生活有更多的收获。

131 / 【情】到心迷能站得稳 第8章

真挚的爱情是每个人内心的渴望，在人生道路上能有一个贴心的伴侣，就有一个人能够和自己一起承担风雨，分享喜乐。但是，不是每段爱情都有结果，也不是每段爱情都会完美无缺，如果进入婚姻，就要面对更多的问题。想要维持爱情的长久，就要考虑得长远。

149 / 【财】到眼前能看得淡 第9章

以小财积大富是一种能力，视大富为小财是一种自控力。钱财是身外之物，财到眼前若能看淡，人的精力就不会长久被身外之物占据。现代人对待财富应遵循“古老习惯+现代思维”，牢记君子爱财取之有道、用之有度、理之有方。

下篇 自控力之生活实践

204 / 自控力之时间管理 第 12 章

时间对于每个人来说都是平等的。每个人一天的时间都是 24 小时，没有人会多一分钟或少一分钟。所以，决定个体生命高度和质量的不是时间本身，而是把握时间能力的大小。如何才能在最有限的时间内做最多的事情是我们一生都要思考的课题。

223 / 自控力之习惯管理 第 13 章

从某种意义上说，“习惯是人生最大的指导”。因为很多时候，一个小小的坏习惯就能让我们饱尝苦果。所以，要培养自律的意识就要从战胜小毛病开始积累自己的自控能力。

上篇

自控力之心灵修养

得意时，能够控制住自己的骄傲；急躁时，能控制住自己的脾气；委屈时，能够控制住自己愤怒；烦恼时，能控制住自己的抱怨；困顿时，能控制住自己的绝望……这就是自控力的心灵修养。它支配着你的行为举止，支配着你的人际关系，支配着你的人生走向。

第 1 章
【喜】到意满能沉得下

每个人都有志得意满的时候，事业上的一帆风顺、生活中的祥和如意、感情上的瓜熟蒂落，都会让人喜不自胜。在一片赞美、羡慕声中，人们很容易迷失自我、放弃进取、忘记危机，开始得意忘形，在这种松懈的状态下，喜悦很快就会变为灾祸。

◎ 志得意满往往潜藏最大危机

当一个人志得意满时，往往会得意忘形起来，对于工作或生活便失去了谨慎、放松了警惕，时刻存在侥幸心理，继而变得狂妄自大起来，因为他想要向别人证实他多么了不起。如果这样一直发展下去，会出现什么结果呢？

一个商人带着两头驴去外地做生意，其中一匹驮着沉重的谷物粮草，另一匹驮着满满一袋子珠宝。驮珠宝的驴知道自己驮着无比贵重的宝物，因此它把头抬得高高的，目不斜视、趾高气扬，而且还不断地把脖子上的铃铛摇得叮咚叮咚的乱响，整个山谷中都回荡着这种悦耳的铃声。另一匹驮粮食的驴低着头，一步步平静地、安稳地前行。

刚刚出了山谷，在密林里有一群土匪盯上了商人，他们仔细观察着两头驴，一支弓箭穿透了驮珠宝的驴的肚子，它无力地倒下了。这时，驴子才意识到自己不停地晃动脖子上的铃铛引起了土匪的注意，引来了杀身之祸。

许多人稍有成就，就像驮珠宝的驴一样自高自大起来，得意忘形，全然不知危机已经潜伏下来。老人常常说："人不能太得意，小心乐极生悲！"所以，忘乎所以的结果只能是走向失败。年轻人本就有"初生牛犊不怕虎"的闯劲，志得意满之时更是潜藏了巨大的危机。因此，切忌得意时骄纵，避免从"高台"上跌落。

对于志得意满，我们始终要保持一份警惕心态，必须认识到其危害，才能小心行事，锻炼自己谨慎的个性。成功让人盲目、让人迷失，每个人在成功的时候都要不断在心里告诫自己，检查自己是否陷入了志得意满的状态，防止下面这些危机：

1. 志得意满时，警惕性越来越低

当一个人志得意满时，最明显的表现就是他丧失了对事物、对他人、对危机的警惕性。从前他会像猎手一样听着每一个声音，观察环境的每一丝细微变化，等到成功之后，他沉浸在"大吉大利"的错觉中，忘记了他赖以成功的敏锐观察力，根本听不到危机迫近的脚步声。

俗话说："螳螂捕蝉黄雀在后。"有时候成功就是如此，你迈进了一小步，却正好进入了别人的大网中，如果不小心谨慎，连逃生的可能都会失去，所以，志得意满时要时刻提醒自己注意潜在的危机，也许枪口正对着放松警惕的你。

2. 志得意满时，虚荣心越来越强

志得意满的人最喜欢看到别人羡慕的目光，最希望得到别人的夸奖，恨不得全世界的人都知道他们的成就。他们开始喜欢向别人夸口、喜欢向别人传授自己的“成功经验”、喜欢被别人簇拥着……他们把自己当个“人物”，并有一种自傲的心态。

每个人都有虚荣心，正常的虚荣心可以促使人们奋进，一旦虚荣过界，就会开始追求不切实际的东西，忘了最初的目标，而且越来越注意浮华的表面现象，忘了实力靠的是刻苦积累。虚荣，是志得意满者最该摒弃的弱点。

3. 志得意满时，进取心越来越弱

人在志得意满时最容易丧失的就是进取心。过去，想到自己的能力还处于低级阶段，想到自己的生活还有很多待解决的困难，每一天都要鼓足干劲儿，督促自己要比昨天更进步，而当有一天突然获得了成功、享受了成就，就产生了贪图安逸的想法，认为生活保持现在这个水准就满足了。

但是，生活如逆水行舟，你不前进就是一种退后，那些奋力追赶的人都在跑，你却在原地休息，就会被人远远落在后面。当你发现你越来越喜欢现在的生活状态，认为没有改进的必要，这时候就要提醒自己：该醒醒了，太过志得意满的人不会有长久的安稳，还是看看自己在哪方面有改进的空间，赶快充充电吧。

4. 志得意满时，享乐欲越来越多

不能否认，人们为生活奋斗的目的是为了更好地享受生活，但是，志得意满者扭曲了这种享受，他们认为自己做得已经够多了，好不容易得到成就，是该放松一下，好好享受生活了。

放松没有错，但放松不是停滞不前，不能松个没完没了；享受也没错，但享受不该变为纵情享乐，为了享乐耽误正事，这就是玩物丧志。当有一天你发现自己的大部分时间被享乐占据，只用很少的时间做正事，你就必须立刻改掉这种生活状态，否则，你的意志会在享乐中消磨殆尽，再也找不回最初的激情。

志得意满时最不能忘记的就是对生活、对大环境的危机意识，越是得意的时候越要小心出现漏洞，不要让自己像个充气气球一样不断膨胀，却不知道下一秒就可能会爆炸。居安思危，有危机意识的人才能有长远眼光、长远打算，他们看重的不是眼前的小成功、小利益，而是更加安稳、更加平顺、更有成就的一生。

◎ 保持“逆状态”，一帆风顺时小心碰触暗礁

每个人都憧憬一帆风顺，一帆风顺既意味着成功的状态，也意味着不间断的机遇。在得意的时候，人们的生活处在一种“顺风状态”，表现为情绪高涨，对生活、对工作充满热情和自信，根本不关注小的挫折，感觉世界都在为自己的好运主动让路，就像一条船鼓满风，顺风顺水，加大马力，很快就要到达目的地。

但是，在一帆风顺中往往有潜在的危险，这就是各种形式的暗礁。有时候，别人对你的赞美并不是出于真心，只是一种客套和奉承，意图让你放松警惕；有时候，别人趁着你高兴的时候设下陷阱，你一时没留意就踩了进去，损失惨重；有时候，当你志得意满、裹足不前时，有人趁着这个机会积蓄实力，准备将你一举击败……

越是临近成功的时候，人们越容易盲目乐观，这时候就越要注意“暗礁”。在海上多年航行的水手都会这样教育新人：谁也没有办法判断什么时候有暗礁，所以当顺风顺水的时候，一定要尽量将船只航行在深海区，这样才

不会因为船速过快、无法掌握方向而导致触礁沉船。

1997年，电影《泰坦尼克号》在全球上映，讲述了一个沉没在北大西洋的动人爱情故事，这个影片记录了1912年的一段史实。

1912年4月10日，“泰坦尼克”号从英国南安普敦的海港出发，前往美国纽约，这艘当时世界上最大的邮轮被称为“梦幻客轮”，不论是设计师、船长还是乘客，能够参与它的处女航行，都觉得兴奋。

但是，船长与船员太过相信船体的坚固，他们带着傲慢的心理航行在冰川区，结果，轮船于4月14日晚11点40分在北大西洋撞上冰山，“泰坦尼克”号开始沉没。船长根本没有想到这艘“最坚固的船”会遇到海难，偌大巨轮上只有20艘救生艇。这次沉船造成了1523人死亡，是和平时期最严重的一次航海事故。

“泰坦尼克”号的沉没不是天灾，纯属人祸，巨大的损失证明了即使再坚固的船只，在大自然的威力面前依然不堪一击。就像一个人即使有完全的准备和超强的能力，如果他盲目自大、疏于防范，就很容易遭遇失败，甚至连他自己都无法相信失败的缘由是一个小小的疏忽。但是反过来想想，为什么一定要有这个小小的疏忽？它不是很容易就能避免吗？正因为它太小，那些自得的人根本看不见，就算看见，也认为它起不了什么作用，这才导致小疏忽成了大祸患，一帆风顺变成一命呜呼。

处于顺风的时候，人们很难做到小心谨慎；而处于逆风的时候，人们步步为营，就怕出现一个闪失，所以，逆境更容易出人才，逆境也能助人成功。在春风得意之时，每个人都应该保持一种“逆境”心态，才能更好地避开生活、事业上的“暗礁”。那么，如何在一帆风顺的时候保持“逆状态”？不妨参看以下方法：

1. 多找找潜在的危机隐患

“逆状态”中的人，永远不会把顺风看做“顺风”，他们把一切外界因素都视为一种潜在的危险。其实这种想法没有错，顺风固然好，但其也有可能变成狂风或者风暴，让人直接送掉性命。大环境中，一切顺利因素都有潜在的隐患，它们随时可能向相反的方向转化，把有利变为不利，把优势变成危害，必须引起人们的重视。

要记住这样一个词：物极必反。一切事物顺利得过了头，就是危机的开端。不能被顺风吹晕头脑，要看看顺风背后的“天气预报”：这样的风力还能刮多久？是否会变得更大？这风是人为的还是自然的……当你学会全面地思考顺境中的危机，你就掌握了“逆状态”的核心。

2. 多想想自己的缺点和不足

大环境中有很多危机因素值得人们警惕，但最应该引起警惕的因素其实是在我们自己身上。性格上的隐患才是真正的隐患，它根深蒂固，不容易消除，还常常存在于我们的观察盲点区，很难被发现。一旦有了顺境作为掩护，我们甚至会把缺点当做优点，并为此沾沾自喜。

圣人说“吾日三省吾身”，如果一个人学会经常检讨自己，就能够及时发现自己的不足。特别是要多听听别人的意见，不要被一时的顺利所迷惑，这可以使用微博上最流行的“三省体”督促自己：“吾日三省吾身，事情做对乎？凭实力乎？还能更好乎？继续奋斗。”

3. 寻找成功中不尽如人意的地方

成功值得每个人自豪，成功是最大的“顺风”，因为一次成功能够让人斗志昂扬，激发出更多的潜能，这时候，一个人从心理到生理都处于成功状态，很容易取得成功。但是我们不难发现，取得小成功的人不少，取得大成功的人却没几个，难道那些没取得大成功的人都在裹足不前吗？当然不是，他们也想以一次成功为跳板，再跃一个台阶，但他们没能及时总结成功中的教训，所以一次踏空只能让自己留在小成功的台阶上。

成功不是最后的结果，每次成功背后都有一些不尽如人意的地方，保持逆状态的人在别人庆功的时候会开始反思这些“不尽如人意”，争取下次改进，所以他们能够更进一步。而那些被一时成功冲昏头脑的人，只能用相同的，甚至更小的步伐向前迈进，哪里会有更大的成功?

成功重在自我坚持，不是一时一刻的事，不要迷恋一时的状态和成就，始终保持“逆状态”，才能随时随地迎接挑战，避开那些出其不意的暗礁。对于智者，成功的意义不在此时，而在更远的未来。

◎ 不要让自己迷失在赞美声中

当一个人取得成就并因此受到他人关注的时候，赞美声就会随之而来，或出于真心，或出于奉承客套，进到耳朵里总让人觉得舒服，认为自己的一切努力都有了价值。的确，努力与赞美常常分不开，一分耕耘一分收获，下得了苦功的人一般会得到别人的赞美，可是，赞美听得多了，就会出现以下两种状态。

一种人听到赞美，觉得心满意足，第二天会忘记这些话，照旧努力，这是一种理想的成功状态，很少有人能做到。然而大多数人听了赞美声，只会心里装满了自己的“丰功伟绩”，再也装不进别的东西，完全迷失在赞美声中，变得自负狂妄，认为成功对自己来说是一件轻而易举的事，完全忘记了曾经的自己是经过怎样的努力才赢来今日的成就的。

对人对事，难得的是保持一份警醒。在赞美声中保留理智，就是一种难得的城府。所有的赞美只代表过去的成就，你完全可以将人生写成一部账本，计算努力，兑换成功，而且你会发现，努力和成功虽然成正比，但极大的努力有时只能换来微小的成功。这时候，如果你勾销那些努力，一味放大你的成功，正比的一侧就会无限降低，那么另一侧——也就是你未来的成功也会跟着降低直至归零，你只能守着过去的成就过日子，这时候人们很少再会赞美你，只剩下你自言自语："当年我取得了什么样什么样的成绩。"

一个魔术师刚刚出师，参加了几场表演，渐渐地有了一些名气。魔术师年轻，经不住别人几句夸奖，不知不觉就认为自己真是别人口中的"最有潜质的魔术师"、"xxx的接班人"，听不进别人的一点批评，变得扬扬得意起来。

一天，年轻的魔术师去参加一个电视节目，电视台还邀请了一位老魔术师，准备上演一台"新老魔术师对话"。谁知年轻的魔术师根本不把老魔术师放在眼里，在和老魔术师"交流技艺"的环节时还故意炫耀自己的技能。这些，老魔术师全看在眼里，但却并没有说什么。

节目结束后，老魔术师在后台低声对年轻魔术师说："你刚才抖扑克的时候，手势虽然漂亮，但这种花哨的姿势成功率很低，在你没用熟练之前，还是不要在人前露出来。"

年轻魔术师大惊失色，这个姿势他练了很多次，成功率不高，刚才为了炫耀才拿出来，心里也着实捏了一把汗，没想到老魔术师一眼就能看出来。从此年轻的魔术师再也不敢在人前得意，他总是说自己的技术还远远不够。年轻的魔术师还特地去拜老魔术师为师，想要进一步修炼自己的技术。

美国汽车大王福特曾说：“许多人总是拥有起劲奋斗的开头，一旦前方出现大道，就自鸣得意起来，于是失败也就现身了。”故事中的年轻魔术师犯的就是这个毛病，他取得了一点儿成就，得到了一些夸奖，就完全不记得自己是谁，以致班门弄斧，幸好他遇到了一位慈祥包容的老前辈，不但宽宥了他的轻狂，还好心提醒他的失误。更庆幸年轻的魔术师是个知错能改的人，他立刻认识到自己的不足，变得谦虚好学。

面对赞美，谦虚应该是一种习惯，而不是一种姿态。当别人赞美你的时候，是因为你做到了他们未能做到的事，这个时候你要想，别人也有很多自己不具备的优点，如果因为自己单方面及单层次的成功，就把自己放在别人之上，那是一种浅薄的见识。何况人外有人，天外有天，也许那个赞美你的人是怀着前辈对后辈的提携之意夸奖你，如果你不能谦虚接受，反倒把这些夸奖当作炫耀的资本，未免贻笑大方。那么，面对赞美，人们最应该做什么？

1. 请赞美你的人指正缺点

面对赞美，如果我们一味地说“哪里哪里”、“不不不，我做得不够好”，一来有“过分谦虚”的嫌疑；二来别人真心诚意地赞美你，你总说“谁都可以做到”，在有些人听来会成为一种讽刺。有时候，你可以坦率地接受赞美，说声“谢谢”，最重要的是，你要请这些赞美你的人给自己提些意见，如此一来，既显得你坦率，又能突出你的谦虚，给人留下更好的印象。

而且，那些真正愿意赞美你的人必然是了解你的成绩和不足、又希望你更加成功的人，由他们来提意见，更有针对性和建设性，会让你受益匪浅。

2. 向那些更成功的人请教

成功应该是一个永不满足的前进过程，而不是一个过去式的停滞状态。拿破仑·希尔认为，任何一个强者都有一条诀窍，那就是不断向优秀的人学习，以此改正自己的缺点、发掘自己的潜质。面对赞美，通过观察那些更成功的人，你能够更快地意识到自己的差距；通过请教那些成功的人，你能够迅速地忘掉过去那些微不足道的成就，向未来迈进。

不要认为别人对成功经验肯定会藏着掖着，事实上，当你以虚心的态度向他们请教时，他们会觉得自己被肯定、被赞扬，也很愿意回忆一下自己的“光荣过去”，这个时候，他们不会吝惜对你的指点。

3. 向那些有良好习惯的人学习

任何人都会被习惯左右，最应该学习的不是某种技能，而是获取成功的习惯。面对赞美，你可以学习他人谦虚的习惯；面对自得，你也可以像那些成功者一样，将自己的成就转化为自信的资本。看看那些真正的成功者如何看待成功，将会给你极大的启示。

例如，当人们问球王贝利：“你最满意的射门是哪一个？”贝利说：“下一个。”贝利曾经面对的是全世界球迷的赞美，但仍能保持自己的谦虚，定下更高的目标，这就是我们每个人都应该学习掌握的习惯。

◎ 不忘形，见好就收场

人生失意有之，得意有之。有一个成语叫做“得意忘形”，形容人因为高兴而失去常态。志得意满的人最容易犯的错误就是得意忘形，他们忘记的不仅是“形”，还有更多的东西。

首先，他们忘记了自己是谁。得意忘形的人总是觉得自己的形象高大，因为小小的成功添了喜气，更是忘乎所以，想要全世界的人都知道自己的与众不同，想让别人一眼看出自己是个成功者。殊不知，没见过世面的人才会被他们迷惑，真正有眼光的人，看他们翘着尾巴，早就在心里窃笑不已，那些不自知的人是真正的可怜。

其次，他们忘记了自己能做什么。有了小成绩的人自认为手中有了资本，开始耀武扬威，就像狐假虎威的狐狸，沾了点儿老虎的威风，就忘记了自己没什么本事。一旦有个风吹草动，才发现自己的资本少得可怜，根本当不了事。这个时候只能一切重新开始，捡起那些自己丢掉的东西，早知如此，何必当初？

最后，他们忘记了自己的目标。得意忘形的人最容易忘记自己的目标，他们最初明白人生是一条漫长的道路，成功也是如此，每一个小成功虽然是个不小的跃进，但真正的路途还很遥远，得意忘形的人却把道路上的小土丘当成珠穆朗玛峰，站在上面扬扬得意，于是，他们再也看不到更高的山峰了。

楚王带着他的士兵外出打猎，在一座树林里，他们收获颇丰，君臣都很得意。

这时，不知从哪里蹿出一只猴子，上蹿下跳，楚王搭上弓连射几箭，但都被那只猴子轻轻松松地闪躲过去，它仍然在树枝间跳跃。

楚王命令擅长弓箭的将军射那只猴子，谁知猴子太灵活，将军也射不到它。猴子越发得意，在树枝间跳得更欢，还冲君臣做起了鬼脸，显然是在嘲笑这群人。

楚王大怒，命令军士们万箭齐发，猴子被几十支箭射死，楚王对着猴子的尸体说：“这只猴子之所以会死，是因为它太不知道自己的分量，得意忘形过了头。”

猴子有灵活的身手、聪明的头脑，如果它愿意组织一群小猴占山为王，相信日子能过得逍遥快活，可它偏偏“志向远大”，要到人类面前来显示身手，显示一下还不够，非要让人群起而攻之。如果其懂得见好就收，捉弄一下楚王立刻跳开，就能回到猴山好好吹嘘一番，引来艳羡。一味地贪多求好，结果就是触怒了别人的底线。

不管什么事，做过了头就会变成坏事，就像一条小河灌溉两岸良田，它静静流淌，就是一条母亲河；一旦沉浸在别人的赞美中，想要无止境地灌溉，以致掀起滔天巨浪，就会变为灾害，那个时候，谁还会赞美它呢？做什么事都不能一时兴起就做过头，这样不仅会给自己带来损失，还可能给他人带去伤害。那么，如何防止自己得意忘形？

1. 知道自己能力的临界点

每个人的能力都有一个临界点，超过了就再也做不到。就像每只骆驼都有承重的极限，超过极限，即使再加一根稻草，它也会被累死。准确地衡量自己的临界点，既能避免自己去做那些根本做不到的事，也能避免自己顺着别人的赞美得意忘形。

量力而行不等于拒绝冒险。有时候生命中存在各种风险，如果一味地保守估计自己的能力，不敢承担一丁点儿风险，那么生命就只能按部就班，很难有大的成就。有时候也要在量力的基础上前进一步，让量力变为尽力。这一步并没有超过临界点，或者应该说它恰恰达到临界点，而此时，你的力量发挥到最大。根据自己的知识量、经验值、旁人的客观评价，你能够判断出自己大概的临界点：什么事能做、什么事不能做、能做到什么程度，等等。所有临界点都是一个约等值，会随着你的成长不断变化，要阶段性观察它的变化，才能做出更多成就。

2. 给自己留下后退的空间

得意忘形往往会让人说大话、做“大事”，这些都是指自己根本做不到的事，警惕得意忘形，就是要随时为自己留下后退的空间，别因为一时的刚愎而断了自己的后路。

高兴的时候，要想想自己的高兴能持续多久、自己还有没有能力持续这份高兴。这个时候，危机意识就会悄然产生，你会开始收敛自己，以免因一时的气性走上绝路，要知道绝路很难变为坦途，但后路可以变成前路。

3. 不要太贪心

有时候，成功的境遇会给人一种错觉，似乎自己置身于一座金山之中。但是，如果你一直捡、一直捡，手中的金银财宝虽多，却会压得你喘不上气，这时候如果有强盗，你不仅跑不掉，还可能送掉性命，这就是贪心的代价。得意忘形就是贪心的一种形式，太过贪恋成功的喜悦，以致忘记了失败的可能，这个时候，必须懂得见好就收。

见好就收，就是说在成功的时候可以庆祝，也可以得意，但在庆祝得意之后要立刻回到惯常的状态之中，不要死死抓住过去的成就不放。任何时候都不要得意忘形，那些忘记自己的能力、忘记自己的初衷的人，都会被过去牢牢绊住；只有那些懂得见好就收、适可而止的人，才能不断前进。

◎ 急流勇退是一种生存智慧

成功者势必会引起他人的眼红和妒忌，由此而来的诽谤、攻击、伤害接连不断，这个时候，成功者需要知道如何韬光养晦。面对他人的攻击，最好的办法不是干耗时间，与他们对着干，而是能避则避。有时候，要学会休养生息，甚至急流勇退。

常言道："水满则溢。"万事万物皆盈亏有数，事情做得多了，自然会引起别人的注意，不知道什么时候就成了遭人记恨的对象。如果你已经功成名就，何苦贪恋虚名，当别人眼红的靶子？不如赶紧“卷起铺盖”，前往下一个目标，或者来个“事了拂衣去”，也不失为一种潇洒。

成功有时并不是可以一直走的道路，它更像一座山峰，当你费尽艰辛到达顶峰，就无法再向上攀登，而这个高度也是多数人无法到达的。功成名就之后，人们往往失去了目标，在旁人的称赞中感觉到空虚，不知如何是好。如果一直留在山顶供人“参观”，虽然满足了一时的虚荣心，却难免四面树敌，不如早日下山或者找一座更高的山峰，或者试试其他道路，寻找其他的人生目标。

一位将军经过三年苦战，带着三军将士平定了边疆叛乱，还将一直虎视眈眈的敌国打得毫无还手之力，将军凯旋的那一天，百姓们在首都城门外夹道欢迎，皇帝亲自出城迎接。

在庆功宴上，皇帝对将军说了很多感激的话，而将军则一再表示“吾皇庇佑”、“为臣只是时运好”，将军还对皇帝说起他的家庭，希望皇帝准他辞官还乡，奉养寡母。皇帝一再挽留，将军一再请辞，最后，皇帝赏赐了将军丰厚的财物，答应了他的要求。

将军的部下们对他苦苦挽留，将军却找了几个心腹部下对他们说：“皇上现在重用你们，你们才有地位，如果不知收敛，今后必遭不测，一定要记得急流勇退，不要等到鸟尽弓藏。”有的部下明白了将军的意思，和将军一起辞官；还有几个仍然留在朝廷，享受高官厚禄。

没过几年，那些留下来的人都因功高震主被皇帝找借口杀掉了。而那些识时务者，却在家乡颐养天年，富贵双全。

凯旋的将军面临着皇帝的猜疑，聪明地选择了隐退。隐退并未减少将军的功绩，而且给他的余生留下了充足的回忆空间和生存的可能。将军知道建功立业并不是人生的全部，保家卫国之后还要留下时间给家庭、给自己。就是这一份自知让他远离了惯常的刀光剑影，成为皇帝放心的忠臣，得到了一个好的结局。这就是人们常说的“识时务者为俊杰”。

急流勇退并不是胆小怕事，而是一种生存智慧，因为急流勇退的人都在“事”后才退。就如故事里的将军，在征战沙场的时候，他想到的是保家卫国，而不是保全自己。等到国泰民安、局势稳定，他放弃荣华富贵隐居，想到的才是给自己找一条后路。这种“退”兼顾了整体利益与个人利益，既不失风骨，又维护了个人的权利，在公私之间找到了一个平衡点，是一种理想的人生状态。功成之时，就是考虑“身退”的时候，那么，如何确定何时该“退”？以下标准可以作为参考：

1. 高处不胜寒

对于苏轼写的“又恐琼楼玉宇，高处不胜寒”，最直接的解释是海拔高、温度低，这句诗可以延伸到哲理层面：人往高处走，但当一个人越走越远、位置越来越高后，他固然看到了别人看不到的景色，得到了巨大的成绩，却也因为知音太少、理解的人太少、非议的人越来越多而产生畏惧心理，甚至觉得疲惫，想要换一种更为轻松的人生。

如果一个人已经到达了自己既定的目标，不准备继续前进，而所处的环境又让他对生活产生怀疑，无法享受到生命的乐趣，这个时候要为自己寻找一个出路。达到的位置太高，自己已经产生了厌倦心理，就该考虑放下已成为重担的荣誉，换得一身轻松。

2. 某一领域已经达到饱和

在市场上经常看到这么一种情况：某个厂家开发了一款新产品，其他厂家看到销路好，连忙跟风生产。但市场的购买力有限，最初那家厂子做出了不断升级产品、保障售后等努力，却发现自己的市场份额仍然不断下滑，这个时候，有脑筋的厂商会选择另辟蹊径，开发新的产品，而不是在一个已经饱和的市场上继续苦苦支撑。

在生活中，我们也会遇到类似的“饱和状态”，也许是报考时选择的热门专业，也许是就业时选择的高薪行业，也许是相亲时定下的大众标准……当你知道某个领域已经人满为患，达到饱和状态，不可能有你的位置，或只能勉强给你一个立足之地时，也许你该考虑寻找其他领域发展，而不是留下来当一个普普通通的“从业者”。

3. 太过留恋过去的成就

急流勇退需要眼光，更需要勇气。人们难免留恋过去的成就，就像很多到了退休年龄却迟迟不想退休的老人，他们的能力已经远远不如年轻的时候，想要做什么也常常觉得力不从心，甚至出现错误，身体也总是处于疲劳状态，这个时候，他们为什么还不选择歇一歇？因为他们无法放弃已经得到的地位，他们希望尽可能将过去得到的成就延长。事实上，他们得到的不是延长，而是在自己渐渐丧失的能力中走上了下坡路，甚至毁掉自己好不容易得来的声名。

如果把人生看做一个由高到低的过程，成就自然是你站在巅峰的那一刻，不过，绝大多数时候，不论自身条件还是现实环境，都不允许一个人永远站在巅峰，这时候，只有急流勇退能够保护一个人从巅峰安然回归细水长流的生活。急流勇退也可以看做一种“适可而止”，每件事都有结束的时候，在最恰当的时机亲手在自己的努力后画上一个相对完美的句点，好过拖拖拉拉，影响事情的质量。生存需要智慧，多做那些恰恰好的事，而不是画蛇添足。

◎ 骄傲让你看不见自己的劣势和别人的优势

在生活中，我们常常看到骄傲的人，他们往往有一些优点和成绩：或者长相姣好，或者家境不错，或者成绩优良，他们不喜欢和“普通人”交往，对待那些优秀的人，他们能保持客气，对待“普通人”，他们的眼睛像是长在头顶上，说话做事都带着傲气，认为所有人都不如他们。这样的人自然也是别人嫌恶的对象，对待他们，人们会自动忽略他们的成绩和优点，只盯着缺点，认为他们不过如此。

有自控力的人不会让自身的缺点干扰自己的行为，他们最先克制的个性就是骄傲。人都有骄傲的资本，有时甚至相信“骄傲使人进步”，但是，不能错误地把骄傲看作是自信，不能看不到骄傲的片面性。骄傲者总是拿自己的优点比别人的缺点，这样一来，优点显得突出，甚至盖过了自己的缺点，于是他们更加沉浸在优秀的幻觉中，忘记了人外有人、天外有天，也忘记了每个人都有自己的优点，那些被他们轻视的人，其实不比他们差。

常言道：“骄兵必败。”骄傲容易让人招致失败，此时的骄傲，是因为你处的环境显示出你的优秀，如果换一个更大的环境，你未必有优势。就像一个区的尖子生，考上了省级重点高中，他会发现自己的成绩总是位居末位，这个时候，骄傲心理就会让他无法承受巨大的心理落差，导致厌学和自卑。与其如此，不如平时就保持一颗平常心，公正地看待自己，也公正地看待他人。

一位父亲正在为教育女儿烦恼，他的女儿今年只有13岁，也许是家庭条件好，父母溺爱，小女孩年纪不大，心性却不小，平日眼高手低，从来不把人放在眼里。

不过也难怪，这个孩子头脑聪明，人又漂亮，从小学习就好，还一直是学校的大队长，她的确有骄傲的资本。父亲觉得小孩子眼界开阔一点、自信一点是好事，所以以前虽然知道孩子骄傲，却也不怎么说她，但最近的一件事却让父亲改变了想法。

事情发生在上个星期天，父亲教女儿学开车，女儿上手快，没多久就掌握了要领。那条道上没什么人，还有另外几个人也在练习开车，女儿指着其他几辆车对父亲说："那些笨蛋，也好意思出来开车！"父亲没想到女儿已经骄傲到了这个程度，留心观察之后发现，女儿说起其他人来都是一副轻视的口吻，这让父亲十分吃惊。自己的女儿怎么会变成这个样子？难道真的是受的打击太少？

骄傲是一种以自我为中心的心态，骄傲的人会漠视别人的成绩，天长日久，这种漠视也会成为一种习惯，即使别人真的有了什么成绩，他们也会看不起，这就极大地影响了他们自身的提高。过于认同自己、无法认同别人的人，无法更好地提升自己，无法欣赏别人的优点，也就失去了一个良好的学习机会，这是他们个人的损失。

一个有自控力又有智慧的人不会小看任何一个人，他们会保持谦虚的态度，遏制自己心中的骄傲，他们不会让自己用片面的眼光看待别人，或者说，他们更愿意忽略他人的缺点，更多地盯着值得自己学习的地方，去赞扬对手、赞扬他人，并把赞扬的对象当做自己的学习目标。那么，如何克服骄傲？

1. 开阔眼界，明白强中自有强中手

有时候，骄傲并不是因为自我意识过剩，仅仅是因为眼界不够开阔，在自己的小圈子里待得久了，什么事都是第一，难免滋生骄傲情绪。这时必须把目光放得更远，看看外面的世界，看看那些真正的成功者取得了怎样的成绩，通过自我比较，能很容易找出自己的缺陷。

自我比较有两种：一种是横向比较，不但要和自己周围的人比，还要和大规模范围的人比，如此总能遇到年龄资质和你相当却比你做出更多成绩的人，这时候你就能明显地看到自己的差距，然后学会谦虚；还有一种是纵向比较，就是和历史上的名人进行对比，当你取得一定成绩，高兴之余看看那些名人在你的年龄取得了什么，就能产生紧迫感，再也不敢炫耀。

2. 要看到个人对团体的依赖

骄傲有时来自对个人力量的迷信，这个时候，你适合投身到集体协作之中，在集体中，你会发现一个人的力量虽然是重要的，但远远不是全部。你还会发现那些你平时轻视的人能够做一些你根本做不好的事。当你真正和别人形成一个整体，你会发现每一个人都有自己的特点，你也只是这些特点中的一个，并没有那么了不起。这时候你无法再夸大自己的才能和力量，而会懂得欣赏他人的优点和付出。

3. 要记住别人超过自己的地方

对付骄傲最有效的办法是正视他人的优点、学习他人的优点。如果你愿意静下心观察，你会发现每个人身上都有值得你学习的地方，每个人都有不可多得的优点。如果你放下身段虚心请教，你会得到很多仅靠自己无法获得的知识，所以人们才说，海纳百川，有容乃大。

骄傲最大的危害就是故步自封，看不到别人的进步，看不到自己的劣势，以为自己已经做到了最好，如果你不能加快步伐，很容易就会被别人甩下。当别人都在弥补自己的缺点的时候，你千万不要自大自满，以为自己到达了顶点，要记得来日方长，笑到最后的人才是赢家。

第 2 章
【急】到燃眉能定得住

急则生乱，乱则生变，急躁往往是败局的罪魁祸首。所谓紧行无好步，太过急躁只能使本就混乱的局面雪上加霜，只有定下心来，才能把握住转机。

◎ 脾气越急，越容易出错

自控力并非一种性格，而是一种性格上的修养。性格上的修养是指一个人对性格的准确把握，包括对某种性格优缺点的判断、对性格表露出的外向特征的控制力，以及能否在实际生活中扬长避短。每个人都有自己的性格，有些人性格温和，做起事来慢条斯理，进度也许不快，却稳扎稳打，结果总是不坏。有些人刚好相反，他们做起事来风风火火，步子快得让别人跟不上，但是，走得太快的结果就是连路上经过什么风景都记不住，他们也许比别人更快地到达目的地，收获却没有那些慢步伐的人多。更可悲的是，他们却不认为这是一种缺点，等到他们真正察觉自己错过了很多东西时，往往为时已晚。

人有百态才造就了人世百态，但在这“百态”中，急躁易怒是一种容易吃亏的姿态。急躁的人做事毛躁、急于求成，这就让他们比那些遇事冷静的人少了几分分析和辨别的能力，变得“一根筋”。做事的时候，他们恨不得一下子就完成所有事，难免快手快脚，忽略细节，导致疏漏不断，这些小错误累积起来，足以影响大局。

焦急和急躁都是没有自控力的表现。不要说个性是天生的，无法更改，其实脾气急的人也有心细的时候，不然怎么会有“粗中有细”这个成语？或者说，脾气急的人更应该修炼自己的自控力，以弥补由自己的脾气造成的伤害，如果放任自己的脾气，人生就会遭遇一连串不如意的成功或是一连串可以预期的失败。

古代有位将军，行军打仗本事一流，他的声名传遍国内国外，可惜这位将军脾气不好，为人暴躁，得罪过不少人，犯了不少错误。这一天，将军请教一位有名的禅师，禅师说：“我想这件事不用我再给你提点，你应该改掉你的脾气。”

“可是，我的脾气是天生的，根本改不了！”将军说。

“既然是天生的，一定时时刻刻都在你身上，现在请你把这脾气拿出来给我看看。”

“现在拿不出来，但我一与人争执，它就出来了。”将军说。

“既然不是时时刻刻拿得出来，那就是你自己控制不住，不能把责任推给上天，你现在和我说话能够心平气和，为什么与人争执的时候不能呢？”

将军被禅师数落一顿，但还是认为“江山易改，本性难移”。他的脾气没有收敛，反倒随着功劳的累积愈演愈烈。再到后来，将军在战场上少了一分指挥若定的气魄，却多了几分急于求胜的好胜心，导致了他很多次失败。

俗话说：“江山易改，本性难移。”这也是急脾气的人常常为自己找的借口。是啊，天生的脾气怎么能改呢？其实这种“天生论”很容易驳倒，最简单的例子是小孩子不会一辈子保持小孩子脾气，因为后天的教育和自我教育足以让他们趋利避害、完善自我，所以，“天生”不是保持急脾气的理由。如果一味地坚持自己的急脾气，不肯让步、也不肯冷静，结局就会像故事中的将军那样，走进死胡同。

做事想要仔细，就要克制自己的急脾气，耐心和细心都是急躁的敌人，想要自己巨细无遗，就要耐着性子思考、检查每一个环节是否有疏忽，不要迷信自己的“天才”，认为自己做什么都可以一次定型；也不要妄想一步登天，以为只要做了就能成功。做事急躁的人总会遇到各种各样的小麻烦，他们不是没有做大事的能力，而是总被一些小麻烦绊住脚，分散精力，以致更加毛躁。想要判断自己处世是不是太过急躁，可以参看以下急躁的表现：

1. 学习和做事囫囵吞枣

急躁的人不论学习还是做事情，就像猪八戒吃人参果，拿到手连味儿都不闻就整个吞下去，然后安慰自己说“一口都没浪费，全部都吃下去了”。这个方法固然在短时间内让你学到了最多的东西，可是能消化得完吗？能够转化为自己的学识和能力吗？上学的时候，我们也许可以用这种方式应付考试，可是，如果没有细致的学识和做事步骤，真的能应付步入社会之后的一次次挑战吗？

而且，生命是一个值得细细品味的过程，太过着急地赶路，就会错过路边的很多风景，减少生命中诸多有趣的体验，到最后只能像书中的猪八戒一样，看着孙悟空和沙和尚美滋滋、一口一口地吃着果子，自己却连果子的味道都不知道，岂不是太亏了？

2. 很少与人深入沟通

急脾气的人风风火火，来去匆匆，很少能静下心来和身边的人商量事情、听身边的人的意见。他们常常把话听一半，就兴冲冲地去办事，事情办到一半才发现自己没听明白，又回来重新听，再听一半继续做。他们以为自己节省了时间，其实却降低了不止一倍的效率，他们的认识常常停留在“一知半解”上，无法深入领会他人说话的含义。听人说话刚听几句，就说“我知道了！”是他们最常做也最让旁人无奈的事。

3. 炮仗脾气一点就着

脾气急的人还有个特点就是爱发火，他们往往是直性子，没有坏心眼，但偏偏听不得别人两句话，动不动就要发火，发完火之后也能察觉到自己不对，后悔不已。可是，不该发的火已经发了，不能得罪的人已经得罪了，不想办砸的事已经办砸了，这时候再说什么都晚了，只能怪自己太心急、不够理智。

4. 遇到变故沉不住气

脾气急的人最大的软肋就是沉不住气，他们也知道等待时机的重要性，却总是在时机不够成熟的时候就迫不及待地开始行动，然后在遇到变故时急得团团转，更加不知所措。这个时候，事情早已泡汤，他们的急脾气不但给自己带来损失，还可能给集体带来恶果。

从着急到后悔，脾气急的人经常重复这个循环，无法突破，如果总是抱怨自己的脾气，不想办法改善，只能让这个循环持续不断。只有多些冷静、多些理智、多些定力，才能在日常生活中有意识地锻炼自己，在急脾气发作的时候克制自己，不做出事后后悔的决定。

◎ 令我们急到燃眉的，往往是对事情的看法

人们常常遇到“紧急情况”，紧急情况可大可小，小的诸如一次见面、一次突来的考试，大到一个措手不及的变故，甚至一场危及生命的灾难。燃眉之急当前，再冷静的人也会变得焦躁，不安的情绪左右了理智，眼前似乎看

不到什么希望，手心出汗、头脑混乱、四肢僵硬，有时干脆害怕得闭上眼睛，什么也想不出来，甚至语无伦次、大失水准。

燃眉之急有时是一种急切的状况，更多时候却是一种心理状态，人们处于“灾难快来了”、“马上就要失败了”、“要完了，这次要完了”等消极的心理暗示之中，并且不断提醒自己情况有多么糟糕，情况还会更加糟糕。这个时候，左右心情的不再是紧急的情况，而是我们对事情的看法，在解决事情前，我们已经急得忘记去想解决的可能，出现自暴自弃心理。

能否应付燃眉之急，反映了一个人的心理素质是否过关。有城府的人不是神人，不会在所有突发状况之前面不改色心不跳，他们只是能比常人更快地镇定下来，开始想事情的另一面，想一种积极的可能，想解决问题的办法，这一切都让他们看上去有定力、有控制力。在大事面前，定力是操控全局的关键，而定力的产生并不是天生决定的，而在于一种稳定的性格，这种性格能够保证人们在面临危机的时候习惯性地开始思考分析，而不是乱成一团。

书房里，儿子急得团团转。他正在预备一个考试，之前，老师早就划出了考试范围，他也已经将所有题目背熟，有信心取得最好的成绩，可今天突然得到消息：考卷改由另一个老师出题，以前划的范围全部作废，儿子不禁对妈妈抱怨——一旦这个科目考不好，就会影响总成绩；总成绩不能达到年级前五名，就会影响奖学金，还会影响到申请优秀学生……

“你的心理素质真差。”妈妈一针见血地说。儿子不服，妈妈逐条给他分析：“首先，你着急的事是什么？考试范围发生了变化，你的准备泡汤了，可是，其他人也和你一样准备，一样泡汤，你们仍然站在同一起跑线上，情况并没有发生变化；其次，你忘记了你是一个努力的学生，平时学习很用功，即使出题范围变了，你未必考不出好成绩；最后，一科考试固然重要，但不应该把一个小意外想成全盘失败，这会浪费你的时间和精力。事情并没有变得糟糕，与其在这里着急，不如马上再去看一遍你的课本和笔记。”

真正令我们着急的也许并不是突发状况，而是我们缺少对这种状况的应对心理。如果一个用功的孩子从小就害怕考试，特别是那种突来的考试，说明他要么对自己的能力极度不自信，要么就是过于害怕失败，以致想要逃避。可是，一个小小的考试就能打击到他的自信，那么这个孩子又能做多大的事呢？与其害怕打击和失败，不如更加努力。

不论何时，心理素质都是决定成败的重要环节，在困难的时候更是如此。当我们为突发情况着急的时候，不妨看开一点，只有心理上镇定下来，才会有冷静的应对行动，不然，就会像惊弓之鸟一样战战兢兢，能做出什么成绩呢？如果觉得事情紧急，火烧眉毛，坐立不安，不妨参考以下方法：

1. 不要把困难看成困难

困难和紧急情况一旦出现，往往不可逆转，也不会顾及我们的能力和感受，这个时候只能以更强大的心理来容纳它。其实天大的困难也不过是一次失败，失败了重新来一次就好，如果能有这样达观的心理，什么事都不能让我们皱起眉头。

还有，有些看似困难的事，其实并不会阻碍或者伤害我们，只是我们在心理上太过重视它们，才让它们具有威慑力而已。如果我们给一件事加上了太多情感，不论是希望还是恐惧，都会增加我们的心理负担，所以，保持平常心是应对困境的最好方法。

2. 要坚定解决问题的信心

世界上没有解决不了的问题，逃避困难的人永远无法解决困难，害怕困难的人只会被困难压倒。也许你的能力还不够，或者你的经验还不足，但要记住，没有人是天生的成功者，困境正是一个考验你的意志、为你增加经验的机会，所以，你首先要做的是坚定自己的信心。

困难已经到来，你只有两个选择：要么承认自己无能、接受失败；要么对自己的能力有信心，争取战胜困境。同样是选择，后者显然比前者更加积极，也更符合人生的基调。即使身边暂时没有“战友”，也要鼓励自己。

3. 积极行动，减少伤害

突发事故让人手忙脚乱，这个时候要对突发情况做一些有益的反应，而不是停在原地坐以待毙，这是一种积极的心理暗示。你可以求助，也可以自救，总之不要消极地等待别人帮你，即使你被困在沙漠中，你要做的也是尽量寻找绿洲，而不是待在原地被沙子埋起来。积极行动的人也许不能真的解决困难，但至少可以减少加到身上的伤害。

左右我们情绪的并不是突来的状况，而是我们对事情的看法。同样一个困难，你看到乐观的方面，它就是机会；你看到消极的方面，它就是折磨。人世间的困难不知有多少，如果始终消极焦虑，早晚会被困难压垮，所以，保持一颗平常心才是最重要的。

◎ 遇事不慌不乱，要能沉得住气

人们有时候会由衷地佩服那些有自控力的人，尽管也曾对他们颇有微词，因为在生活中，这些人虽然看上去沉默，不够活跃；想事顾虑得太多，使人与之交往起来有些没底；什么事都计算分析得清楚，让人觉得不亲热、不自在……总之，有自控力的人让人摸不透，缺点“亲和力”。

但是，一旦涉及正事，有自控力的人立刻显现出了他们的优势：沉默、不会意气用事和过于激动；想事情想得多，就有计划性，也不会轻易吃亏；什么事都计算分析得清楚，所以总能找到解决问题的合理方法，比别人更先一步出手……总之，他们知道什么时候该说话、该行动，什么时候应该闭嘴观察局势，谋定而后动。给有自控力的人带来这些益处的，其实是他们性格中的“稳定因素”。

在生活中，有稳定性格的人常常扮演领导者的角色，他们在任何时候都能理性地思考事情，做出准确的判断，而不会为一时的情绪迷失方向，或为一时的脾气打乱全盘计划。表面看来，他们做什么事都不慌不忙，其实，他们也会紧张，但他们从容的心态可以把棘手的事情变得清楚分明，让一团乱麻变得充满条理。这种稳定和个性有关，更需要一定的历练，可以有意识地培养。

一家销售公司的王牌销售员正在给他的徒弟们传授经验，他对徒弟们说：“当你急于卖出一套设备，对方又表现出一定的购买兴趣，要记住：沉住气，沉住气才能卖到最好的价格。”

从前，这位王牌销售员也是个愣头青，对那些“大刀阔斧”砍到最低价的买主很没办法，常常以较低的价格卖出设备，所以，他的提成奖金一直不高，他认为自己不适合做销售员，准备改行。在做最后一次销售时，商品是一套底价为 25 万元的设备，想到马上就要辞职，销售员不再像以前一样和顾客讨价还价，而是冷静地听着顾客对这套设备的挑挑拣拣。最后，沉不住气的顾客以 35 万元的价格买走了设备。

销售员立刻打消了辞职的念头，他发现那些喜欢挑拣讲价的顾客才是潜在的买主，只要比他们更能沉得住气，多数情况都能卖到好价格。靠着这条销售秘诀，这个销售员的业绩一路高升，成了公司的王牌销售。

人的性格并非一成不变，人的脾气也不是不能改变，关键是你愿不愿意

“定”住。故事中的销售员是个幸运者，他并没有察觉到自己的问题，却在无意之中发现了成功的秘诀。成功不是天天努力、天天着急就能得到，它既需要你挖空心思，又需要你稳住自己。

人与人、人与事较量的不只是智力，还有耐力。你越稳当，别人越不知道你的底细，越会慌乱。沉稳的下一步就是果断，在别人慌神的时候，你抓住机会，一击即中，成功就是你的囊中之物。紧急情况虽然常常出现，但你的沉稳会让你冷静面对、寻找机会，这就是古往今来成功者多为沉稳者的原因。那么，如何增加自己性格中的稳定因素？可以参考以下几点：

1. 确定自己的接受底线

如果加以训练，每个人都可以让自己比平时更沉稳，而沉稳也有一个接受度，一旦没有底线，就和不作为没有任何区别。每个人心中都有这样一条线：可以接受什么、接受到什么程度，一旦超出接受范围，沉稳就不复存在。而这个底线往往很宽泛，能够保证你比一般人更有接受能力，也就更有成功的可能。

一旦你确定无法接受某件事，果断放弃就成了另一种沉稳，没有必要为无意义的事情拖延，那只会浪费你的时间与精力。放弃的时候更不要慌乱，即使那意味着无比麻烦的重新开始，也好过徒劳无功。

2. 不要轻易更改说过的话

对稳定最好的锻炼就是言出必行。说过的话就不要更改，一定要做到底。有时候，你会觉得这是不知变通，让自己吃了大亏。但是，吃亏才能让你真正地吸取教训，在下一次说话之前，想到上次的失败，你便会更加谨慎，更加仔细地考虑计划的每一个细节。如此几次，你已经初步具备沉稳的性格，至少你不会随口胡说，也不会随随便便去做那些超过自己能力范围的事，这就是一个巨大的进步。

3. 困难的时候告诉自己坚持下去

坚持是稳定的基础，也是成功的关键。很多事情看似困难，却能在坚持中突破。如果选择放弃，就失去了成功的所有可能，所以，困难的时候一定要告诉自己坚持下去，这是一种缓慢而有成效的性格培养，从心理上形成有始有终的惯性，遇到什么都不放弃，这种性格一旦渗透到事业中，便会让你如虎添翼。

沉稳代表的是一种成熟，一种经过大风大浪才能磨砺的气度。有沉稳的性格，不但会让你拥有领导者的气场，还会让你更有魅力，更让他人想要了解、接近你。想要形成沉稳的性格需要长期的磨炼，不必惧怕生命中各种形式的苦难，坦然一点，成熟一些，不论成功还是失败，都会让你拥有更多的能力和经验，让你在下一次遇到困难的时候更加气定神闲、无所畏惧。

◎ 急于求成，往往是失败的开端

追求成功是每个人的愿望，“求成心理”就成了人们做事的基本心理。每个人做一件事都不是为了失败，都是为了能有所收获，如果这收获来得比别人快、比别人多、比别人轻松，那就更让人高兴。于是，有人为了成功做着充足、扎实的准备；有人在准备的同时找捷径甚至钻空子，他们都想到达目的地，最好第一个到达。

两相比较，前者往往在短时期内吃亏，他们通过几年的时间准备，也许不如后者的一次走后门。但是把目光放长远，再过几年，那些经过精心准备的人，一步一个脚印，踏踏实实地到达了自己的位置，而那些省略努力过程、直接坐上去的人，常常觉得屁股下的座位摇摇晃晃，总觉得不踏实、坐不稳，一点风吹草动，就让他们产生失败的预感。

人的失败有时来自求成心理，因为成功的愿望太过迫切，按部就班就变成了一种煎熬，就像成语“揠苗助长”，想要禾苗赶快长高，干脆将每一根拔高几厘米，这种努力只会让梦想以更快的速度化为泡影，那短暂的繁荣景象是泡影前的最后安慰。急于求成造成过很多悲剧，但是，没有自控力的人还是很难抗拒“速成”的诱惑。

古时候，有个青年拜后羿为师，学习射箭，青年很刻苦，想要成为超越后羿的神射手，但年轻人难免急躁，他总是问后羿：“师父，我射得如何？有没有进步？”后羿是位温和的长者，每次都鼓励他：“有进步，但是还要努力。”

青年人心急，有一天对后羿说：“师父，你告诉我，要成为你这样的神射手，需要多少年？”后羿说：“十年！”

青年说：“十年太久了，如果我每天加倍苦练，需要多久？”“八年。”

青年更急了：“师父，如果我把吃饭睡觉的时间也拿来练箭，是不是五年就行了？”

“不。”后羿说，“那样的话你成不了神射手，因为没几天你就累死了。”

急性子的人最大的缺点就是急于求成，他们做什么事都喜欢发扬“更高、更快、更强”的精神，恨不得脚踏风火轮，从起点直接冲到目的地。但是，人生不是百米赛跑，而是翻山越岭的长途旅程，太过焦急只会让自己在半路迷路或累倒。想做一件事不能太着急，要注意劳逸结合，才能获得最好的效果。

急于求成的另一种形式就是走捷径。有的人善于动脑，找到更好的方法倒也不失为一种成功；多数人没有这种头脑，只会耍小聪明、走后门、搞关系，靠着这些歪门邪道达到目的，还认为自己做得漂亮，比那些埋头苦干的“傻瓜”高明。其实这种人才是真正的愚人，能力没得到，名声没得到，得到的只有一点短期利益，根本当不了长久的饭碗，所以，急于求成的人应该依照以下的建议改改自己的习性：

1. 不要盲目乐观

想要急于求成的人，对自己往往很有信心，他们看到了目标，相信自己有能力比别人做得更快更好。但在多数时候，这种自信有很大的盲目性，性子急的人看事情不全面，他们往往只看到表面现象，他们还特别喜欢看那些对自己有利的部分，并把这一部分当做事情的全部，有了这种判断，急于求成的心态也就顺理成章地产生了。

盲目乐观让人忽视实际，甚至不会制订长远的、周密的计划。在过程中遇到困难，起初他们仍会维持自信，认为困难是暂时的，没过多久，却发现困难是长久的，甚至是牢不可破的，于是焦头烂额地去补救。但是，前期准备太草率，补救也不可能到位，失败便成了必然。

2. 不要偷工减料

喜欢动歪脑筋的人，把偷工减料当作成事的必备途径，他们会振振有词地说："我虽然少做了一些事，但并不影响大局，也不会影响最后的结果，让自己轻松一点有什么不对？"但是，每件事都有每件事的组成和步骤，你少做一点，它就不完整。起初，你不懂防微杜渐，少添的是一块砖瓦，慢慢地，就变成了整个楼层的质量隐忧，最后，你的楼房成了豆腐渣工程，这就是偷工减料的直接后果。

3. 不要认为自己比别人聪明

因为焦急，所以浮躁，急于求成的人有一种"必胜心态"，他们认为自己的能力比别人强很多，自己的眼光比别人好很多，自己做事比别人高明很多，所以，他们对成功的渴望也比别人更加迫切。这表现在别人还在做外围侦察时，他们已经单枪匹马地去冲锋；别人在勾画撤退路线时，他们已经被敌人围困；别人终于准备充足，信心满满地开始叫阵，他们已经成了俘虏。按部就班地做事看似刻板，其实却是稳扎稳打；而自以为是的聪明只会招致更快地失败。

4. 不要渴望天上掉馅饼

着急到一定程度，就开始幻想自己有非常好的运气，有些人希望兔子自己撞在树桩上、希望彩票能中 500 万、希望自己梦到考试答案……当人们已经急切到做白日梦的程度，只能说明他们什么都没有准备。渴望天上的馅儿饼其实是一种不劳而获的心理，这样的人希望省略掉一切努力，直接享受成果。但是，吃粮的人也许不需要种地，但要支付钞票，世界上哪有不要钱的午餐？

做事不疾不徐，把计划与一定的步调结合，就是一种控制力。欲速则不达，任何优秀的素质都是长期储备、长期修炼的结果。没有积蓄过的力量无法爆发，没有蛰伏过的树木无法发芽，当你满怀雄心壮志，想要做出一番事业时，首先要想到的是如何做好准备，储备期越漫长、越周详，就越是不怕困难，越能达到成功。

◎ 坚持，转机就在下一秒

有些人认为生活很机械，甚至可以归纳为两点一线或几点一线，没有什么惊喜，也不会有什么危险，多数人就在这种温开水似的环境中蛰伏着，就像水里的青蛙，察觉不出水温的变化，也没有迎接变化的能力。水温逐渐升高，它们只能眼睁睁等死，做不出抵抗，或者直接放弃了抵抗，接受“命运”。

有自控力的人从不认为生活是一成不变的，相反，它充满变数，每一分钟都有可能发生转折，彻底改变自己的未来，只要这转折不会结束自己的生命，他们就愿意用镇定的心态去接受。转折难免带来危机和阵痛，有自控力的人会告诉自己挺过去，再坚持一下。他们不是超人，只是因为心中始终有强大的生存意识，这种意识促使他们在任何时候都不会轻易服输，在他们的字典上，没有“放弃”两个字。其实，每个人都是为了自己心底的信念才会修炼出非同一般的自控力。

美国一家电视台曾经录制了一期别开生面的谈话节目，导演请来一些特殊的客人对观众讲述他们的经历，这些客人之所以特殊，是因为他们都有遇险的经验。有些人在沙漠中迷路十几天最后获救；有人在地震时被困在乱石中，在快渴死的时候被解救；还有人遭遇过海啸、泥石流等灾害。导演相信这是一期有益的节目。

节目时间只有45分钟，但似乎足够了。这些劫后余生的人的经验几乎是一致的：面对灾难，最重要的就是意志力，反复告诉自己再坚持一下，能挺到最后，就有生存的希望。即使人们不相信奇迹，奇迹却总是在那些求生欲强烈的人面前出现。

什么是转机？转机不可预测，却切实存在于每个奋斗者的奋斗过程中，曾经濒临绝境的人、有过绝处逢生经验的人，比旁人更相信转机会出现。在他们眼里，转机并不是一种运气，而是一种坚持，对生命的坚持、对生活的坚持。在困难的时候，相信转机会出现，能够让人们变得坚强，而坚强又能反过来支撑人们继续坚持。

坚强既是一种品格，也是一种精神暗示，足够的坚强能使自己相信希望，并凭借这种信念将事情向好的方向引导，成为一种积极力量。挺得住、扛得住的人，才能够走到最后、做到最后，而那些半途而废的人，命运则会显示出残酷的一面。那么，如何在逆境中保持坚强？

1. 多给自己积极的心理暗示

在同种情况下，从概率来看，每个人的机会都是差不多均等的，但是，积极的人总能比消极的人获得更多机会，因为积极的人总在用眼睛寻找可能的出口，而消极的人处在放弃状态，即使机会就在他们身边经过，他们也视而不见。

所以，能够给自己积极暗示的人往往有更多的胜算，因为心态是向上的，自然就多出了对抗困难的勇气和挑战困境的活力，即使暂时的失败也不能让人灰心，一个如“没问题”、“很快就会好转”的暗示，便会让人有更多精神撑下去。

2. 想想自己能够做什么

在紧急情况下，只要不被恐惧完全击倒，每个人都想做点什么，不过要有思考做前提，不能手忙脚乱、胡乱行动，否则找到的也许不是转机，而是另一次危机。只有冷静分析才能做出冷静判断，然后要做的事也不同。

最简单的方法是把自己能做的事在心中列出清单，逐一分析可能性，最重要的是分析你去做之后的结果，会不会给自己的处境带来好转？如果你想到了什么能够改变现状的事，就应该立刻去做，任何努力都好过无所作为。

3. 耐心等待，不消耗任何精力

在努力中，还有一种情况需要注意，就是当你发现所有努力都不如原地等待，这时等待就是最有意义的作为。不要认为行动都是有效的，如果你的任何行动都不能改变现状，只会徒增自己的危险和困难，这种无用功没有任何意义，不值得提倡。

想要等待转机到来，就绝对不能给自己添乱。要明白保存实力的重要性，不要在机会到来之前倒下，是你能给自己的最大保护，想要挺得更久，更要积蓄更强的实力和更多的资本，既要考虑下一秒转机会出现，又要保证下一秒转机不出现，你还能继续撑下去。

“挺住”作为一句口号，有激动人心的力量，一旦付诸行动，中间的辛苦只有自己知道。不管出现什么样的危机，都要抱定一种态度：撑下去，由此消除不必要的忧虑，耐心寻找机会、等待机遇。换言之，转机就是精诚所至，金石为开。

◎ 有些事情不是你能够掌控的

在生活中，我们常常听到“心想事成”这句祝福，也衷心希望一切事情都能像我们心里想的那样一帆风顺。很多时候，我们不是梦想天上掉馅儿饼，而是在万事俱备，只欠东风之时，付出了大量的辛苦与汗水，就等待着事情向好的方向发展。但事实往往不符合我们的想象，事与愿违的事比比皆是，我们为此焦急忧虑，却毫无办法改变现状。不是我们做得不够，而是时机也是成功的重要条件，面对这种情况，只能说一句无奈，感叹自己运气不够好。

即使是足智多谋的诸葛亮，头脑里有很多锦囊妙计，也不能预料到所有发生的事，也会有失败的时候。人生有一定的局限性，有智慧的人会遇到用智慧无法解决的情况，譬如秀才遇到兵；有体力的人会遇到体力无法胜任的情况，譬如散兵遇到有谋略的大将。就算一切顺利，事业有成，我们也要遭遇生老病死，这时候，智慧、地位、金钱都不能让我们快乐。

有自控力就是敢于承认这样的事实：没有人能够掌控一切，所以我们要学会顺其自然地生活。顺其自然不是逆来顺受，而是适应环境，在环境中寻找转机、寻找出口，再走出自己的路。如果没有这种心态，只能对着不如意的现状干着急，让自己越来越郁闷，更加没办法看清事情的本来面貌。想要掌控事情，先要顺应形势，而不是还未了解就急着改变。

一只蜜蜂忙碌地飞在花丛中，路过的蜻蜓问它说：“喂，你整天忙着采蜜，一分钟也不歇着，不累吗？快休息一下，跟我一起聊聊天吧。”

“我哪有那么多时间！”蜜蜂头也不回地说，“你看，这个花园里有这么多的花，而且它们还在不停地开，我一刻不停地采也采不完，怎么能休息呢！”

“可是，就算你再着急，以你自己的力量也不能采完所有花朵的花蜜啊。如果你不休息一下，你很快就会累倒，到时候，你再也不能采蜜了。”蜻蜓劝说道。

“如果我休息，我采的蜜就会减少，怎么能休息呢？”蜜蜂说着，继续飞向下一朵花。

蜻蜓叹气说：“我平时也要捉虫子，但是，如果我想抓所有的虫子，非累死不可。一天到晚急急忙忙，生活还有什么意思呢？”说罢它摇摇头飞走了。

蜜蜂认为它生活的意义就在于采花蜜，于是它一刻不停地采蜜，急匆匆地飞来飞去，总是认为时间不够用。现代人也总觉得时间不够用，他们忙着赚钱、忙着充电、忙着社交，他们的日程表越来越满，常常觉得时间怎样都不够用，事情永远也做不完，甚至只会增加，不会减少，但是如果让他们关掉手机，放松休息一天，事情其实没有增多，效率反倒有所提高。

一张一弛，文武之道，急匆匆的生活固然给我们带来一定的好处，却也给我们留下了心理上巨大的压迫感，现代人常常觉得自己不敢放慢脚步，一旦放慢就会被别人追上、赶超。在人生的道路上，需要漫步、长跑、冲刺交替进行，如果什么事都要冲刺，只会累垮自己。有些时候，我们需要参看下面的方法，学会顺其自然。

1. 学会预测事物的结果

有自控力的人有一个区别于常人的特点，就是“一切尽在把握”，一件事在做的时候，他们似乎就知道结果，于是成功了不会见他们欣喜若狂，失败也不会看到他们垂头丧气。

对于有自控力的人来说，万事皆有可能，周全的计划和步骤不一定换来成功的结果，他们能够接受失败，不是因为有预测能力，而是有重新开始的魄力和心胸。如果每个人都学会预测事物的结果，即使没能达到目的，至少能在很大程度上避免损失。而且，学会预测一个行动可能带来的结果，本身就是对思辨能力的一种锻炼。

2. 承认自己的付出和努力，不要强求

人生道路上，挫折和打击在所难免，事情的结果也不是我们能够控制的，这个时候，如果一味地惋惜自己付出的时间和精力，认为自己浪费了宝贵的青春，本身就是对生命的另一种浪费。失败固然让人沮丧，但它给了人珍贵的经验和丰富的回忆。

与其为失败焦急，不如坦然承认它，在承认它的同时，也认可了自己曾经的努力——尽管努力的方向不对，或努力得不够，但这是对自己的一种尊重。成熟的人追求结果，却不强求结果，在他们身上有一种大度之美，我们称为境界。

3. 不要整天和他人比较

有些人的焦急来自于比较，本来觉得自己不错，一旦和人对比，就发现自己引以为傲的优点，别人身上也有；自己能够做到的事，别人能做得更好。当差距真实地摆在眼前，想不着急都难，这时候就不再有轻松的心态，而是卯足力气忙着赶超。

但是，人与人素质不同、能力有差异、境遇有好坏，这就造成了有些人在某一方面看似比他人优秀，如果你一一比过去，只会让自己活得更累、更不自在，甚至变成一种自我折磨。应该尽量避免为别人的事而影响自己的心情，否则只能被别人牵着走，更加无法掌控生活。

我们应该用城府控制自己的脾气，因为生活并不是我们想象得那么完美，现实往往不尽如人意。焦急和焦虑是每个人都曾产生的情绪，极大地影响了自己和他人的心情，也让办事效率大打折扣，特别是在紧急关头，不论有多急的脾气，也要冷静思考，让自己在困境中能够抽丝剥茧，看清事情的眉目，寻找一线生机。有定力的人在任何时候都能站住脚跟，在困难面前定得住，才能顶得住，才有可能成为最后的赢家。

第 3 章
【屈】到愤极能受得起

在生活中，每个人都有受委屈的经验。小委屈带来情绪上的波动，大委屈带来生活上的波折，有时人们为了实现自己的目标，不得不承受更多的愤怒，在重压之下默默积蓄自己的力量，以期有朝一日展露头角。

◎ 忍常人所不能忍，是为强者

在中国的文字中，“忍”是一个很形象也很有寓意的字。人们常说，心字头上一把刀，是为忍。人有七情六欲，忍并不是一种好受的滋味，有时候能让你感觉像是万箭穿心，有时候让你像热锅上的蚂蚁团团转，当你觉得全身的怒火聚集在心口，急于发泄，却能硬生生地将它压下去，继续以冷静的态度为人处世，这时候，你已经成为一个心理上的强者。

有耐性的人有强大的后劲。我们都知道“卧薪尝胆”这个故事，勾践用十年时间励精图治，打败仇敌，就是对“忍”字的最佳解释。不懂得忍耐的人只能依靠一时的实力和运气做事，只有那些懂得克制的人才能知道什么是委曲求全、什么是谋定后动，他们甚至能够忍受许多常人无法忍耐的折磨。

如果你说成功有意识，自己能够选择，它们会选择那些冲动的人，还是那些付出耐心和辛苦、坚持到最后的人？

忍耐是自控力的根底，也是现代人必须修炼的品性之一。有忍耐力的人多数时候并不强硬，甚至有“随波逐流”的嫌疑，但那正是忍耐的体现。在山顶上，树木常常被狂风吹得七扭八歪，无法生长，而野草随着风向摇摆，一年比一年茂盛，这就是忍耐的力量。在忍耐中，小的能够变成大的，弱的能够变成强的，沉默的可以爆发，强者都是在忍耐中成长起来的。

非洲草原上，有两只狮子常年争地盘，水草肥美的地方羚羊就多，狮子的口粮自然也就变多。两只狮子的战争因一只狮子被咬死而宣告结束，活下来的狮子霸占了最好的地盘，还常常恐吓另一只狮子的妻子和儿女，小狮子们就在它的威胁下战战兢兢地成长。小狮子们的妈妈常对小狮子说：“不要去招惹我们的敌人，等你们长大了，有力量了，再去反抗它。”

小狮子们牢记妈妈的话，去遥远的地方寻找食物、锻炼体魄，发誓有一天要为父亲报仇。那只胜利的狮子起初还关注它们，后来见它们窝窝囊囊，就不留意。几年后，偶尔看到几只小狮子长得壮硕威猛，不禁心惊胆战，害怕它们寻仇报复，便远远地逃离了这片草原。

事物的发展遵循着一定的过程，人生的起伏也是如此，有辉煌就有屈辱，就像故事中的小狮子，几乎是在屈辱中长大。不可否认的是，屈辱给了它们更多的毅力和耐性，也让它们比一般狮子更坚韧，它们的生活目的比任何同类都明确，成长的过程虽更曲折，却得到了更加强大的体魄和不容小觑的气势，可见，压力能够转化为动力。

想要当一个强者，先要有强者的耐性。生活并非一帆风顺，对于那些想要出人头地的人，生活常常是屈辱和挫折的综合体，为了更好地学习为人处世，他们尝过更多的白眼；为了更好地磨炼自己，他们敢于忍受常人无法忍受的东西。有自控力的人磨炼自己的韧性，他们知道愤怒的时候最需要就是忍耐，受辱的时候，他们会这样告诉自己：

1. 不必恐惧他人一时的强大

在生活中，恃强凌弱的事时有发生，我们难免要做一两回“弱者”，觉得自己被欺负，却还没有能力反击，感觉自尊扫地，这个时候要告诉自己来日方长。当一个人开始恃强凌弱时，就意味着他已经出现了衰败的信号，他目空一切，你埋头努力；他锐气毕露，你避开锋芒；他为自己的力量扬扬自得，你就趁他麻痹大意的时候壮大自己。君子报仇十年不晚，再过几年，你就会发现曾经的“强”不过尔尔，以前认为的“山峰”已经变成了脚下的“土丘”。

2. 不要为他人的虚张声势自乱阵脚

有些人专门喜欢虚张声势、吓唬别人，其实他们外强中干，没什么实力，他们靠的就是他人不想惹事的畏惧心理。对付这种无赖，首先要调整自己的心理，不要怕他们，调查他们的底细；其次就是多一事不如少一事，如果不是必要，不要和无赖耗时间，在小事上宁可吃点亏。总之要记住，不论何时都不能自乱阵脚，自己吓唬自己。

3. 不要停下自己的脚步

来自外界的干扰再强大，也不要停下自己的脚步，这是做人做事的根本。有时候外界的压力让你觉得委屈、觉得愤怒、觉得不公正，但要相信这都是人生路上必经的事，每个人都难以避免，弱者只会悲观叹气，强者则等闲视之。而且根据古往今来的经验，人们的压力往往和成就成正比，扛得住多大的压力，就能取得多大的成就。

4. 要有目的，更要有计划

一切忍耐都是为了实现自己的目的，如果失去目的，忍耐就成了懦弱。这个目的可以很大，例如人生理想；也可以很小，例如得到一个更好的机会。当然，光有目的是不够的，因为它只能让你坚定自己的态度，不能直接给你收获。有了目的还要有计划，要在重压之下计算出空间让自己发展，确定下一个步骤，确定下一个阶段自己要到什么位置。强者都在有计划地变强，而不是一夜长大。

真正的成熟不在于你能说出多有智慧或者多有哲理的话，而在于困难切实摆在眼前的时候，你能不能拿出一个解决方案；在于屈辱压到肩膀的时候，你能不能为了长远打算而暂时忍耐。只有懂得忍耐的人才称得上是真正的强者，坚持下去，你就会迎来扬眉吐气的那一天。

◎ 能屈能伸，方能掌控命运于自己手中

命运是一个古老又现实的话题，每个人都希望自己能够亲手把握命运。而命运难以捉摸，就像古诗中说的：“人有旦夕祸福，月有阴晴圆缺。”得意的时候，似乎一切尽在掌握，能够完成任何困难的事，谁知下一秒一切消散，潦倒落魄；失意的时候，觉得全世界都在和自己作对，找不到存在的价值，却没想到峰回路转，转机一下子出现在眼前，不禁令人感叹世事变幻莫测，这就是命运。

对待命运，人们无法把握，只能顺势而为，调整自己的心态接受它。就像古时候的塞翁，得意的时候就想想不妙的后果，倒霉的时候也要看看重新崛起的希望。一切不会有你想象得那么好，也不会有你预计的那样糟。对待

命运，能屈能伸是一种最理想的心态。这种屈伸有度，最直观的表现就是在为人处世上的能屈能伸。

有自控力的人方能掌握命运，懂得屈伸的人才能以退为进。对真正的强者来说，屈，是成事的一种手段。人生难免有不如意的时候，或者说，人生不如意的时候远远多过一帆风顺。想要掌控，只能先忍耐，因为你手中的东西并不是那么丰富，你还需要抓住更多的东西，包括能力、机会、人脉，然后才能按照自己的意思操控命运。在那之前，不妨收起你的船帆，在海面不引人注目的地方静静打捞，以期待一鸣惊人。

古时候，一个年轻人拜一位名画家为师，在画社学习画画。这一天，他正在练习画猛虎图，笔下的猛虎吊睛白额，栩栩如生，他的师傅却在一旁说："你的画技可谓精进，可惜阅历不够，画作终究落了下乘，到底是年轻人。"

年轻人不服气地说："师父，人人看到我画的虎，都说是上品，你怎么说我画得不好？"师父说："我举个简单的例子，你这幅《猛虎扑敌》，画的是猛虎将要与对手作战，但你知道老虎要攻击对方，先要做什么吗？先要把头尽量低下，贴近地面，这样才能冲得更快。你看看你画的，老虎昂着头，哪里有要战斗的架势？"

年轻人听了，低下头说："看来，不仅虎要低头，做人也该时时低头，请师父今后继续教诲我。"师父笑着说："你能悟到这一点，可知今后前程不可限量。"

老虎对敌时的动作很形象地说明了"能屈能伸"这个成语，就像短跑运动员为了冲刺需要，会在跑道上弯下身子，老虎攻击之前，也让自己低下头，为的是蓄势待发。同理，年轻人懂得谦虚地听从老师的意见，也正是对未来的一种谦虚姿态，只有懂得"屈"，才能更好地伸展，而那些过于古板，从来不知道弯曲的人，最容易折断。

人们都向往一直昂着头的生活，认为只有笔直地走路做人，才算得上堂堂正正，他们不屑于走弯路，不屑于与人周旋，也不愿意退让，他们不害怕失败，认为“自尊才是最重要的”，但是，失败者的自尊对事情的进展没有任何好处，而且这种话更像是失败者在安慰自己——难道成功者就失去自尊了？事实上，他们更让人尊重。有时候，成事就是一个委屈自己的过程，你能“屈”到什么程度，就能跳到相对的高度。当然，“屈”也不是无止境地委曲求全，人可以为了一件事而暂时委屈，但不能一直贬低、作践自己，那如何把握“屈”与“伸”的尺度？

1. 当“敌”强我弱时，可以委曲求全

当对手过于强大，自己的力量过于弱小的时候，委曲求全是保留实力的最好方法。前面我们就说过，硬碰硬的傻事不能做，在对待对手时更是如此。你暂时向对方认输，虽然有点没面子，但承认的却也是事实，别人不会长久地笑话你。等你有了足够的力量扳回一局，旁人倒要赞你懂得进退之道，是个聪明人。

2. 要有敏锐的观察力，学会捕捉时机

有自控力的人知道，“屈”只是一个暂时的状态、一条权宜之计，一时的屈居人下不代表以后都会如此，想要扭转局面，就要学会在逆境中捕捉时机，否则就会把“屈”变成一种常态，变得习惯听人命令、习惯看人脸色，然后感染了别人的思维，失去了自己的个性。

机不可失，时不再来。“屈”虽然会暂时压制你的独立，但只要有心，你的才能不会因“屈”而削减，你依然可以选定时机东山再起。留心观察每一个细节，学习对手的每一个长处，不知不觉中，胜利的天平已经朝向你。

3. 在“屈”状态下，要有一颗不屈的心

长期处在“屈”的状态，一定要提醒自己保持斗志，否则很容易被消磨，变得毫无棱角。想有作为的人在困境中须保持一颗不屈之心，记住一切都是暂时的，此刻的低头是为了今后的崛起，而不是把低头变成新的生存状态，一辈子不再抬头，如果不是如此，这样的“屈”就成了心理上的屈服，很难再有发展和成就。

4. 见好就收，不要伸展过度

人们的“屈”都是为了“伸”，当你终于有了伸展的机会，能够实现自己的抱负时，要记得凡事有度，有雄心并不是一件坏事，但雄心太大，却容易扰乱自己的心智，让自己为了目的不择手段，变得张扬跋扈。

久“屈”人下的人一朝翻身，很容易忘记自己是谁，恨不得全天下都知道自己的成就，让自己享受扬眉吐气的喜悦。应该尽量克制这种心情，因为过分伸展可能导致你失去弹性，再也恢复不到过去的状态，等你再次失败，再想“屈”的时候，会发现自己已经散成一团，再也无法凝聚。

总之，不论“屈”和“伸”，都要把握尺度，“屈”并不是屈服，而是前进的预备动作；“伸”也不是张牙舞爪，而是审慎地发展，到达自己想要的高度。只有审时度势、能屈能伸，才能更好地掌握命运。

◎ 放低姿态，更会赢得众人尊敬

在生活中，当形势逼人的时候，不得不放低身段，以适应竞争、谋取生存。更多的时候，为了更好地接触他人，为了让他人对自己有更佳的印象，有自控力的人会主动放低姿态，他们的低姿态不是屈尊降贵，而是一种发自内心的平等意识和谦卑态度，这会让人觉得他们温文大方、进退有度，很容易让人产生好感。

谦虚低调也是一种“屈”，表现为处世上的低姿态。低姿态并不是一件丢脸的事，低姿态也不是低人一等，委屈自己迎合别人，而是在最大限度内求同存异，尊重他人的意愿和性格。而且，低姿态可以给人带来实际的好处，他人的尊重自不必说，对于那些谦虚低调的人，人们更愿意提供有益处的指点和帮助，让他们做事更加顺利。低姿态的人不容易得罪别人，这就让他们能够保持良好和谐的人际关系，成为事业的助力，而不是成功的阻力。

低姿态也不是一件容易的事，因为是人都有傲气，有实力的人更是如此。想要始终保持谦虚，就要明白自己的缺点，承认自己的不足，随时有一种能接受别人的建议、虚怀若谷的心态。不够谦虚的人不懂什么是低姿态，他们即使低头，神气上也带着不服气；不够宽容的人也不懂低姿态，他们即使让步，也会带着“我这是在让着你”的鄙夷眼神，让人备感生气。

一个学徒和师傅学习四书五经，他总是幻想自己能一步登天，早日金榜题名。这个小学徒的确聪明，别人读好多遍才能背下来的文章，他却能过目不忘。七岁的时候，他就能自己写诗。而且，小学徒多才多艺，画画也不错，他的书法能让名家惊叹。

小学徒的师傅是个饱学的大儒，他很喜欢自己的小弟子，期望有一天他能够功成名就。可是，师傅发现这个小弟子有点浮躁，也许是年少成名的缘故，他常常看不起那些读书人，认为他们都是死脑筋。师傅对小弟子说：“我问你，如果你想要一粒种子开花，第一件事要做什么？”

“当然是把它种到地里！”弟子说。

“那么，就按照你说的，先把你自己种到地里，不要还没开花，就已经失去根基。”师傅教导他说。小学徒聪明，立刻明白了师傅的意思，从此以后，果然变得虚心肯学。

种子之所以能够开花，是因为它们愿意将自己埋在土中。有时，低姿态表现为谦虚的态度。承认自己弱小，愿意接受更多的锻炼，并自发地向有经验的人学习，这都是成长必经的过程。浮躁的人很难谦虚，也很难有大成就。而那些对事业带着敬畏之心、对长者带着尊敬之情的人，能够得到的不只是指导，还有尊敬。

低姿态有时还表现为自己对待错误的态度，敢不敢承认自己犯了错误、愿不愿意正视错误的后果、能不能检讨自己的不足，都是谦虚的表现。错误并不可怕，可怕的是拒不承认、死不悔改，这种人总让人觉得遗憾。那么，在生活中，我们应该如何理解低姿态?

1. 低姿态不是没有尊严

很多人对低姿态有一种误解，认为放低姿态就是自己承认低人一等，有伤自尊。太过在乎别人评价的人，难免怕做出低姿态的时候丢了面子。但那些心胸开阔的低调者总是愿意俯就别人，让别人称心一些，这不是没有尊严，而是对别人的照顾。

低姿态是什么?低姿态与“屈状态”不同，“屈状态”是有意识、有目的地改变甚至委屈自己，以此达成目标。而低姿态只是一种谦虚低调的态度，这种态度只是对自己、对他人的双重尊重。相反，那些总认为自己高人一等的人，才需要多多检讨。

2. 学会认输

低姿态的人有一个特点：输得起。当失败的时候，他们会痛快地认输，向对手表示祝贺，这是一种成熟者才有的风度，也是有自控力的人才能做出的举动。

认输，代表的是对别人付出的尊重、对别人能力的肯定。认输，不代表从此屈服，而只是一个阶段的结果。在认输之后，因为没有心头负担，反倒能够更冷静地分析对手的优点、弥补自己的不足。懂得认输的人不但会得到对手的敬重，还有更大的可能很快超越对手。

3. 学会称赞、欣赏别人的高明之处

每个人都有优点，低姿态的人之所以“低”，是因为他们看到了自己的不足之处，明白“不耻下问”，他们对一切人、一切事都一视同仁，只要对方身上有闪光点，他们就会称赞、就会学习。他们相信每个人都有比自己高明的地方，找到这些地方扩充自己，才是最重要的。人际交往对他们来说是一个学习的过程，而不是在别人身上寻找优越感。需要注意的是，低姿态的本质是尊重，不是迎合，不能人云亦云、无原则地赞同别人，如果你没有自己的见解，只会做别人的应声虫，即使你的姿态再低，也无法得到别人的尊重。

◎ 包容更易交到朋友

有些人贪财，容易在金钱上斤斤计较，但并不代表他们不关心你，他们愿意把自己的投资技巧和省钱经验与你分享，看到好的项目拉你一起赚钱，这时候你何必在乎他们有没有向你抽提成？每个人都有自己的缺点，能够忍受朋友的缺点才能交到真正的朋友，否则，你去哪里找一个“完人”？更多的时候，我们需要在交往中主动吃亏，用忍让来包容朋友的小缺点。其实这也并不算吃亏，因为你包容别人的时候，别人也正在包容你。什么事情一旦看开，就无所谓亏不亏。

人际关系中，自己多包容一点，能够为人带来很多实际的好处，其中之一就是让你更易交到朋友。人都有趋利避害的天性，看到你是一个宽容大方的人，趋利的人自然愿意接近你，这会给你带来更多的合作机会；避害的人也愿意接触你，这会让你结交各种性格的朋友。为人大方、行事大方，都能给自己的事业生活奠定牢固的基础。

在一个会议厅里，两家公司正在进行跨国谈判，中方公司希望签一个出口合同，日方公司出于实际考虑，总想压低价格，双方经理僵持不下，谁也不肯退步。

谈判进行到十几个小时，中方经理再次提出自己心目中的价格，日方代表也再一次强调自己不能接受，日方翻译因劳累一时口误，翻译的时候竟然出现错误，把“不能接受”，翻译为“可以接受”的意思。这个错误太大了，对中文略懂一二的日方代表立即绿了脸，中方代表也察觉到这个失误，但是，他并没有抓住这个漏洞提价，而是很有风度地再次说出自己提的价格，让日方考虑。

一场虚惊，日方代表对中方代表刮目相看，主动降了一部分价格，中方代表也顺势做了让步，最后，签出了最满意的合同，也奠定了今后的长期合作。

有时候，吃亏也可以成为一种武器，以最直观的行动向对方展示自己的诚意。就像故事中的中方经理，他没有抓着对方的疏忽大做文章，显示了心胸的磊落，更显示出合作的诚意。日方代表敬重这样的人格，更会把这样的人格扩展到整个企业，认为值得投入。

在人与人的交往中，每个人都很怕自己吃亏，这个时候，愿意吃亏的人就显得格外可贵。愿意吃亏，代表你愿意容忍他人，愿意给他人行方便，这让他人对你更放心，也更愿意与你相处、找你合作。同样的事，为什么不去找一个懂得为别人着想、可以自己吃一点亏的实心人呢？在生活中，你可以考虑在以下的方面“吃亏”：

1. 不要拿自己的优点比朋友的缺点

也许你是个很优秀的人，也许你在某一方面很突出，受到众人夸奖。这个时候，不要对朋友显露优势，不要摆出过来人的架势指导他，更不要无限制地吹嘘自己，尽管你没有贬低他人的意思，却在实际上贬低了别人。

改变这种以自我为中心的心态似乎是一种心理上的吃亏，但只要想到别人的感受，这个亏就吃得很有价值。把抬高自己变为抬高他人，拿自己的缺点与朋友的优点对比，朋友会更有自信，你也会更能正视自己的不足。

2. 不要为小事和朋友斤斤计较

有些人锱铢必较，经常在小事上和朋友发生争吵，不肯吃一点哪怕是口头上的亏，虽然得到一时的痛快，却换来对方“刻薄”、“小气”的评价。如果朋友犯了些无关紧要的小错误，也不要说个没完，揪住对方不放，让对方长久沉浸在不愉快的感觉中。

人与人之间的感情不是菜市场，可以讨价还价，斤斤计较的人得到的只能是经过别人称量过的有限的感情。每个人都怕自己吃亏，你如此，别人也会这样，只有首先摆正自己的心态，才能要求别人宽容。

3. 在利益问题上，要有双赢意识

感情上的事即使吃亏，也在可以控制、可以承受的范围之内，何况感情深到一定程度，就无法用“吃亏”或“占便宜”来计算。在生活中，我们最常面对的是与他人的利益关系。每个人都有逐利性，不是寸步不让就能得到最大利益，从长远来看，双赢才是最稳定的合作关系。想要双赢，首先要做的就是让自己吃一点亏。有双赢意识的人会用一小步的吃亏换取更大的利益，没有这种意识的人，只会盯着蝇头小利，看不到长远的东西。

需要注意的是，你可以为某段友谊、某些目的、某个原则吃亏，但不能犯傻，更不能被别人算计还不自知。有自控力的人高明之处在于，即使吃亏，他也吃得明明白白，不会做冤大头。他自己吃了亏，却交到了朋友，得到了好处，赢来了名声，难怪人们说有的时候，吃亏就是占便宜。

◎ 让三分理，能赢得一片掌声

生活处处有自控力，做事时时要留心。在与人相处中，自控力表现为“有理有节”，而不是“得理不饶人”。大多数人都有一种思维误区：“这件事我占理，怕什么，为什么要让着别人？”的确，很多时候，“理”是在你这边，但有个词叫“情理”，理前面有个情字，如果你咄咄逼人，你固然占着“理”，却失掉了人与人之间的“情”，让人觉得你太过古板冷漠、不近人情。

占理的时候，更能体现一个人的涵养。如果一个人既有“理”，又能顾及“情”，就称得上是两全其美。“情”包括很多方面，他人的心情是最重要的一方面，此外还需要考虑自己与对方的感情，如果你愿意为了“情”而让上三分“理”，实际上你并不吃亏，在他人眼里，你有胜利者的风度，也有为人的气度，这就需要你在自己“理直”的情况下不是“气壮”，而是忍耐、劝慰，有时候还要让上一小步。

在与人产生分歧的时候，让，不是让自己顺从他人的意思，而是提醒自己更加理智、对他人更有礼貌。要知道，即使表面上，“理”在你这边，但他人做的事未必就是错的，他也有自己的原因。所以，面对分歧的最好办法不是争个面红耳赤，而是换位思考，想想对方的立场和心情，尽量给对方发泄和圆场的余地。

左晓利年纪不大，却有很多朋友。朋友们的性格各不相同，有些人暴躁，有些人温柔，有些人自闭，有些人精明，左晓利跟他们都谈得来，他们也都尊敬左晓利。

不要以为左晓利喜欢讨好别人，认识他的人都知道他是个牛脾气，自己认定的事从不改变。但他有个优点，就是愿意接受不同的看法，他常说："我说的是对的，别人说的也不一定是错的，每个人都有每个人的看法，我认死理儿，但不强迫别人认我的理儿。"

也许因为这种个性，左晓利很少与人发生争执。他会理智地听对方的意见，全面分析，并提出自己的观点。他从不强迫他人接受什么，他人却总能从他这里得到一些有益的启示。随着年岁的增长，左晓利也开始改变自己的固执，按照他人的意见修正自己，老朋友们都说左晓利："以前是有胸襟，现在是有自控力。"

有自控力的人和道理脱不了关系，他们的内心极其明白道理，遇到冲突会和人讲道理，更重要的是，当对方明显理屈的时候，他们会点到为止，不会让人下不来台。故事中的左晓利就是这样一个人，他能够在得理的时候"让"理，凡事都能体谅别人，给人留面子，这就保证了人们对他的喜爱和尊重，让更多的人愿意和他成为朋友。

俗话说"有理不在声高"，当你的确有道理的时候，不需要一再提醒别人，也不必非要指出别人的错误，让那个人承认自己失败，有基本判断力的人就能看到自己的错误，连基本判断力都没有的人，说了也是浪费时间。就算你正在为某件事愤怒，也不妨让上三分理，这样才能更快地解决问题。得饶人处且饶人，那什么时候应该“饶人”呢？

1. 自己风光的时候，不妨把面子留给别人

每个人都有风光的时候，这个时候，对待那些失败的竞争者，需要讲究策略。自己风光没必要把别人踩在脚下，多说说自己的缺点、夸夸他人的优点，就是给他人留了充足的面子。

特别是在有激烈争执、结果又是你获胜的时候，你不把面子留给对方，对方就会自己来讨回面子，已经结束的争论也会因此再度展开，就算下一次你仍然占理、仍然胜利，你真的愿意为同一件事浪费两次精力？不如一开始就把理揽在自己手里，把台阶放到别人脚下，你往高处走，别人就算比你低，也会对你心怀感激。

2. 自己占理的时候，不妨让人占点口头便宜

有时候，一次争论结束，对方和旁观的人都知道你占理，但是，普通人很难有立刻接受失败的心胸，他们常常唠叨两句，例如“我不是说不过你，我是懒得和你这种人吵架”。这时候你若继续和他争辩，甚至挖苦对方，对方就会加倍恼怒，然后争论就会升级，蔓延到各个方面，本来一次小小的争执，会变成两个人不可调和的矛盾。

自己占理的时候，不要去管别人的唠叨，那碍不着你的事，别去理会他们的唠叨，不是你没有胆气，而是你具有胜利者的大度。

3. 不要挖空心思去改变他人，而是要转变思想接受他人

以为自己有“理”的人，总是希望得到他人的认同，并改变他人的“错误思想”，但他们总是发现这样一个事实：即使对方承认自己是对的，也不愿因此改变。想要改变别人的人，只会让自己徒劳无功，从而产生挫败感。

“理”不是生活的全部，你的道理也不一定适用于别人。何况，你已经尝过了“屈”的滋味，为什么还要勉强别人呢？既然你能经受得起困难，为什么不去接受人与人之间的不同？特别是情绪激动的时候，为什么不把事业上的耐心拿出来，用在他人身上？真正的“理”早晚会被人承认，到时候，别人会感谢你曾经的宽容。

对待生活、对待事业、对待他人，有时候难免屈就屈从，也难免为这样的自己感到气愤，可是，有自控力的人会合理地转化这种气愤，把它变为动力。其实，礼让一些，不要给别人那么大的压力，也不要让自己显露太多锋芒，是一件好事，它能够保证你在隐蔽的状态中逐渐壮大，等到别人发现时，你已经成了一个强者，再也不必为外界所屈。

在生活中，每个人都有受委屈的经验。小委屈带来情绪上的波动，大委屈带来生活上的波折，有时人们为了实现自己的目标，不得不承受更多的愤怒，在重压之下默默积蓄自己的力量，以期有朝一日展露头角。

承受委屈是一种克制，能屈能伸是一种自控力。屈到愤极的时候，也要提醒自己一时地忍耐是为了长远地发展。想要利用环境、战胜环境，先要对环境低头，主动去适应它。在心理上修炼一种高调与自信，在行为上要保持低调和谦虚，你才能在不动声色之间跨越重重障碍，得到更多人的尊重，取得更多成就。

第4章
【怒】到发指能笑得出

克制怒气是一种修养，怒中有静是一种自控力。怒到发指的时候更应该保持自己的礼节，才能证明自己的涵养和智慧。世事复杂，多数事不能用生气和发怒解决，而是要留下回旋的余地，让自己有更多的时间思考、处理。

◎ 生气就是拿别人的错误惩罚自己

人是情绪动物，面对生活中的喜怒哀乐，很少有人能完全克制住自己的情绪，面对快乐的事，所有人都可以不设防地大笑；面对悲伤的事，少数人放声大哭，多数人会回到自己熟悉的空间难过。而“怒”这种情绪无疑最不好把握，很多时候，我们反复告诫自己不要发怒，等看到让我们发怒的事，所有的理智一瞬间消失，我们就会神态大变、情绪偏激，甚至做出怒骂、打人等我们自己都不敢相信的事，可见怒气一旦爆发，就容易失控。

仔细思考我们发怒的原因，会发现除了一些关系未来前程的大事，关系个人感情的私事之外，多数都是芝麻绿豆的日常小事。这些怒气还有一个特点，就是往往跟他人有关，他人错做了一件事让自己气愤；他人说错了一句话让自己不自在；他人的一个眼神让自己越想越不对劲；他人如果故意找碴儿，那简直就是挑战尊严和底线，需要立刻迎战，刻不容缓，这就造成了我们越来越爱为那些不值得的人生气。

有自控力的人不是缺少气性，而是增加情绪中的理性成分，将愤怒转变为其他情绪和行为，例如理解、克制，甚至微笑。有自控力的人对不同的人展现出“游刃有余”的交际手腕：对那些机关算尽的人，他们笑起来不无嘲弄；对那些鲁莽耿直的人，他们的理解带着宽容；对那些不明真相的人，他们的克制是一种智慧。总之，有自控力的人能够看透事情的本来面目，他们不会为别人的错误对自己发怒，来去由他，喜怒随他，任凭风吹浪打，胜似闲庭信步。

一个欧洲小国的国王正与大臣开会，国王表彰了财政大臣，称他的政策实用有效，令国家的收入明显增多，那位大臣谦虚地说：“哪里，这都是因为国王英明，我才能想到这条计策。”国王听后更高兴了，给了大臣不少赏赐。

另外一个大臣看着眼红，不禁嘀咕了一句：“有什么了不起，就会拍马屁。”没想到这句话说的声音大了点，连坐在最上边的国王都听得一清二楚，国王大怒：“你说什么？”

“我……我……”大臣支支吾吾，连忙跪在地下。这时财政大臣说：“陛下，我就站在他旁边，没听到他说什么啊。”国王瞪着眼睛说：“既然财政大臣大人有大量，我今天就饶了你，今后不要在朝廷上胡说八道！”

下朝后，其他人围住财政大臣问：“我们刚才都听得清清楚楚，你难道不生气吗？为什么还要帮他求情？”

“我为什么要生气呢？说错话的人又不是我。”财政大臣说，“真正有损失的人更不是我，我为什么要拿别人说错的话让自己生气？”

没有理由被指责是种不愉快的经历，完全可以愤怒。但是，故事中的大臣却选择了息事宁人。在大臣看来，真的吵起来又能怎么样？不过是那位侮辱自己的人被责罚，这能让自己多一些什么吗？不能。就算能，也是多一个仇敌而已。何况，生气气的不是别人，只有自己，为了别人的一句非议大动肝火，影响的何止是一时的心情？这么做显然不值得。

值得还是不值得，这是每个人在即将生气的时候应该首先考虑的问题。多数情况下，你能考虑到这一层面，就不会再生气，有多少事真正涉及生死性命？多数不过是一时的脾气，甚至是别人不经意做的一件事、一句话，如果真拿来为难自己，影响自己的生活，倒得不偿失。愚人喜欢争闲气，智者从不自己找气生，那么，什么样的气是“闲气”？

1. 为别人的错误生气

人们对自己都有宽容爱护的一面，让我们大发雷霆的一般不是自己的错误，而是他人的错误。他人的行动干扰了自己，他人的言论影响了自己，甚至他人的存在让自己不顺心，都可能成为愤怒的理由，而且我们会这样告诉自己：他做错了事，为什么要让我来承担不快？于是，发脾气就成了一种“理所当然”的行为。

这个时候，没有多少人愿意想想他人的感受或者处境，也许让你生气的只是别人的无心之失。何况，既然你知道别人做错事，批评指正才是更好的选择，却非要大动肝火，好像别人故意惹你生气，显示的却是你太没气度。

2. 为别人的语言生气

我们的生活脱离不了语言环境，甚至在很多时候，我们生活在语言中，每天直接间接听到的语言最能影响到我们的心情。每个人都有自己的立场和想法，说出来的话不可能全都合你心意，大部分的时候，你会发现别人说的和自己想的相去甚远，而别人说的话在你看来如此不可理喻，让你怒火中烧。

但是，那只是一句话而已，甚至可能是别人随口说的一句笑话，根本没有成为事实，也根本没有妨碍到你，为这样一句话生气，是别人太不注意你的心情，还是你的心情太不注意场合？而且，总是为别人说的话生气的人，无法深入地和人交流，这是很大的损失，应该尽量避免。

3. 为别人的冒犯生气

每个人都有自己的尊严，有时候，人们觉得自己被冒犯了，认为自己不被他人放在眼里，甚至认为他人在明嘲暗讽自己。其实仔细想想，你的人缘真的有那么差吗？谁没事就去冒犯讽刺别人？多半是你太过敏感多疑，把别人无心做的事当成了有意。就算别人真的轻视了你，生气又有什么用？只有成绩才能堵住别人的嘴，让自己扬眉吐气。

有自控力的人不会不把自己当一回事，也不会太把自己当一回事，他们认为人与人相处的时候，因为个性差异难免有摩擦，别人犯错是别人的损失，做好自己的一部分才是最重要的，生气是拿别人的错误惩罚自己，既然自己做得很好，又何必自打自罚？

◎ 圆通处世，没有必要硬碰硬

在社会上，人可以分为两种，一种是刚直的人，他们比较“硬”，原则性强，做出的决定很少更改，做起事来一往无前，与人交往的时候也喜欢占据主导地位，命令支配别人；还有一种人是温和的人，他们行事很“软”，有些是因为聪明，所以会使手段，有些是因为个性不擅与人争执。扪心自问，多数的人愿意与“软”人交往，在生活上，他们没有那么多棱角，容易相处；

在事业上，他们的手腕更适应局势，容易成功。

有些人处世信奉强硬态度，认为只要自己足够硬气，就没有人敢招惹。但是，真正有头脑的人从来不会硬碰硬，他们会以迂回的方式打败你。更有些阴险之徒，表面上逢迎你，背地里挖你墙脚，让你防不胜防。强硬有时甚至是一种鲁莽，因为一旦碰到更强硬的人，就会在一瞬间面临失败，无法挽救。

如果说人的性格可以像山一样坚硬，不可转移，那么有自控力的人虽然有山一样的秉性，处世却如山间流动的泉水那样灵活曲折，他们看到困难不会冲上去，而是挨着边绕过去，照样可以达到目的地，甚至在这环绕的过程中将困难包围、消化。以硬为质、以柔取胜，这就是生存的智慧、为人的智慧。

一家公司正在召开新品设计会议，小胡和一位同事在一个产品细节上争执不下，同事提出产品的发动机应该使用A品牌，小胡却认为B品牌更加实惠可靠，而且自己从前与B厂商有过合作关系，也许能拿到更优惠的价格。同事不屑一顾地说："凭两年前的合作关系就能让他们降价吗？你还真天真。"小胡一怒之下说："好！我就让你看看能不能拿到优惠价！"

小胡开始为这件事奔波，他首先联系了B厂商的熟悉销售员打探价位，一打听才知道，这两年原材料涨价，价格已经大大升高。小胡想要换个厂家，却发现自己想要的价格的产品已经没有厂家能出产。想到这件事后自己会被同事嘲笑，小胡很后悔当时没能圆通一点，不把话说得那么满，非要和人硬碰硬。

在这个故事中，小胡因为见解不同与人发生争执，因别人的一句话而怒火中烧，最后把不是自己的任务揽到身上，把本该不属于自己的失败归于自己名下，如果世界上有后悔药，小胡大概要买上一大罐全部吃下去——为什么要在会议上和人硬碰硬？为什么不圆通一点，既给同事留面子，又给自己减少麻烦？

人生的道路不是平顺的，太过有棱角的人不是被挡住，就是粉身碎骨，只有那些懂得把自己磨圆的人才能顺利通过。表面上看，这些人改变了自己的形状，实际上，他们并没有更改自己的本质，他们所做的一切只是为了走得更快、更顺利。而且，圆通不是狡猾，只要你的目的不是害人损人，圆通一点会给自己带来利益，给他人带来方便。在生活中想要如水一样地做人，需要记住以下几点：

1. 不要硬碰硬，更不能以卵击石

每个人都希望自己是个有实力的人，在任何场合都能有底气，但是，底气不代表硬碰硬，你和别人对着干，就是在向别人表达你的优越感，表达你在这件事上自认比他人做得好，这种态度自然会激起别人的不服气，进而和你针锋相对。

当你真的很“硬”的时候，也许能占上风，但是强中自有强中手，你认为自己够硬，别人可能比你还硬，你和别人硬碰就是给自己找别扭，甚至会成为别人的笑柄。既然有实力和人硬干有欺负人的嫌疑，没实力和人硬干则是在给自己丢脸，不如柔软一点、温和一些，在对人对事时采取和平主义态度，这才是最好的自我保护方法。

2. 不违背原则的前提下，不妨顺着别人的意思

人与人之间有摩擦的根本原因，在于每个人对事情的想法不同，如果双方都能本着求同存异的态度，摩擦也可以转化为和平商谈。但是，在绝大多数情况下，每个人对事情的想法不同倒也罢了，最糟糕的是每个人都想改变别人的想法，让别人顺着自己的意思。

摸清了别人的心理，就不难分析出解决问题的方法。有时候不妨顺着别人的意思，只要不危及自己的利益，顺着别人又能如何？减少了争执，也增进了了解，最重要的是，你只是对别人的意思表示尊重，并没有放弃自己的

想法。在小问题上，你顺着别人一点，别人就会让你更顺一点。

3. 放低底线，不要动不动生气

很多人觉得发怒像是有一条底线，一旦触动，就再也按捺不住脾气。显然，这底线有高有低，太高的底线人人都会碰到，被触动的人就容易天天发脾气，形成暴躁的性格。而底线低一点的人，性格温和，不容易生气，大家都愿意和他相处，他自己也觉得日子很舒坦。

放低底线，不是放低原则，原则不能改变，底线却可以根据情况做出调整。对于那些无关紧要的事，可以不在愤怒范围；对于那些不明所以的人，可以不在生气范围。放低底线，就是调整自己的心理接受度，能够接受的事物多，脾气自然就会好很多，棱角也消失不少，做起事来更加顺利。

◎ 愤世嫉俗不能解决任何问题

我们都曾看到过这样一类人，他们有一些共同特点——他们往往有一些才能和成绩，但这些才能说不上出众，成绩更算不上成功，因而他们对自己的境遇充满不满，有些人满腹牢骚，有些人只偶尔说一句话，内容不是怀才不遇就是怨天尤人。他们有一个口头禅："真不公平。"他们忌妒那些比他们幸运的人，认为自己的"不幸"就是因为时机不对，他们认为别人都不如自己，而自己却被埋没……这类人就是人们常说的"愤世嫉俗"的人。

愤世嫉俗的人认为理想中的世界应该是完全公平的，他们总是在强调自己境遇的不幸，其实，这些情绪之所以产生，是因为他们生活得不够理想，将他们放在别人的位置，他们未必会做得更好。何况，他们中的大多数人并不具备“超凡脱俗”的圣人心态，他们的哀叹和抱怨反映出他们能力上的缺陷，即他们没有高超的解决问题的能力。

愤世嫉俗是自控力的大敌，也是修炼自控力时必须改正的毛病。既然不能当圣人，就要承认自己是世俗之人，顺应世俗的规则，享受世俗的快乐，得到世俗的成绩。即使受到不公待遇，也不会悲愤欲绝，而是会加倍努力，争取下一次的成功。对于有自控力的人来说，太阳是好的，想要阳光就要接受黑子的存在。只要心中装了理想，为理想努力，就不必凡事理想化。

有个孤儿从小聪明伶俐，孤儿院的老师都认为他将来会有出息，也都盼望他会被一个好人家收养。后来，一对在大学做教授的夫妻收养了这个孩子，老师们都为他将来的出路高兴。

可是，这个孩子并没有像老师期望的那样成为一个有作为的人，而是成了一个收入很低的小学老师，很不得志，常常借酒浇愁，埋怨自己生不逢时，从小就是个孤儿，养父母也没能给自己提供更好的条件，社会更没有给自己一展才华的机会。

孤儿院的老师听说了这件事不禁感叹：“没想到他变得如此愤世嫉俗，可是他为什么不想想，当年他的养父母如果没能从几百个孤儿里挑中他，他会过什么样的生活？如果社会没有给他求学工作的机会，他还有没有时间发牢骚？愤世嫉俗不能解决问题，如果看不到自己的幸运，他只能一生都生活在不幸之中。”

每件事都有两面性，幸与不幸是一个相互转化的过程。在孤儿院长大的孩子如果能珍惜自己的才能、珍惜自己的机会，以比普通孩子更认真、更努力的个态度成长，他们的成才概率会更高。这种天生的不幸能够伴随着韧性与不服输的劲头，从这个角度说，他们是幸运的。

幸与不幸，有时只在自己一念之间。就像故事中的孩子，他体会到了自己的不幸，却没有看到自己的幸运，不论是天生的聪明还是被养父母收养，都不能让他产生幸运感，他一味地盯着自己不幸的那一面，根本不去看幸运的一面。对天生才能的运用、对养父母的感恩都能使他过上另一种生活，但他偏偏选择没有任何作用的愤世嫉俗，这才是他不幸的根源。那么，人们究竟该怎样看待幸与不幸？

1. 世界上没有绝对的公平

抱怨世界不公的人并不理解公平的含义，世界上本来就没有绝对的公平。人从生下来一开始，就没有同样的长相、同样的脾气、同样的境遇。有些人看上去比别人幸运一些，不代表他没有努力。没有付出，反而他可能要承担更多的责任。有些人似乎比别人不幸，但他们拥有的魄力和勇气不是一般人可以媲美的。世界不公平，但它又存在着某种公平，你缺失一些东西的时候，必然也拥有了一些东西。没有人能宣称自己一无所有，就算你一无所有，你依然拥有生命本身，也就拥有了未来获得成功的可能。

2. 耕耘不一定会有想要的收获，但不会一无所获

人们之所以愤世嫉俗，多是因为自己付诸努力的事没有得到想要的回报，而别人看上去轻轻松松就得到了自己梦寐以求的东西，这种现象的确存在，但是，你怎么确定别人不是比你付出了更多的努力？何况，你的耕耘并不是一无所获，至少你拥有了避免失败的宝贵经验。就算你得到的并不是自己想要的，你应该想的是如何变更方向，而不是怨天尤人。

3. 想要改变环境，先要改变自己

愤世嫉俗的对象大多不是某个人，而是某个环境。愤世嫉俗者总是认为自己怀才不遇，被大环境压制。大环境的一切都是不对的，一切都在和自己作对，他们梦想有朝一日能够改变这种环境，自己可以实现抱负，但是，想

要改变环境却不付诸行动的人，只会被环境压制。

改变环境的方法只有一个，就是先改变自己，让自己了解环境，能够在某个环境中如鱼得水，然后才能在这个环境中处于主导位置，从小地方入手逐渐改变。当你想要改变一件事，你必须先了解它、融入它，这是顺序，也是规则。

4. 行动比怒骂更能解决问题

愤世嫉俗的人喜欢用激烈的语言发表自己的不满，在这发泄中，他们并不痛快，周围的人也要跟着受罪，承担他们的消极情绪，不明白的人会问："你为什么不去做点什么?"而愤世嫉俗者的最大特点就是眼高手低，不知道自己该做什么，只知道习惯性地抱怨，其实他们最应该做的事只有一件：面对现实。

有自控力的人看得到不公平现象，他们的自控力体现在早就抛弃了理想主义的态度，变得现实和踏实。在他们看来，愤世嫉俗除了给自己增加烦恼外，不能带来任何好处，只会让自己陷入迷茫，与其否定现实，不如接受和顺应，然后再想办法改变。

◎ 令你怒火中烧的往往是你自己

在多数情况下，不论生气和发怒，常常是因为别人，但是，真正让人发起火来的往往是观念上的偏差。抛去那些突发的、让我们措手不及的事，在生活中，更多怒气都有一个累积爆发的过程，并不是无迹可寻，也不是无法控制。

让我们仔细回味一下怒气产生和爆发的过程。怒气的产生大多因为一件不起眼的小事，这件小事让人看着不顺眼；对于不顺眼的事，如果你睁一只眼，闭一只眼，它就会过去，一旦你继续看它、思考它，就会越想越不对味，变成不顺心；对于不顺心的事，如果将它放在一边，等待它冷却，自然也不会占用时间，一旦你张开嘴开始说它，就变成了抱怨；你抱怨几句停下来，它也对你没什么危害，如果你一直不停地抱怨，再有旁人参与“讨论”，你就会越来越激动、越来越气愤，忍不住发起脾气，酿成一起“情绪事故”。

有自控力的人也会生气，但他们不会把生气变为怒火中烧，把理智烧个一干二净。他们会以逆向思维解决自己的愤怒，看到一件让他们发怒的事，别人都在议论，他们会命令自己闭嘴，从而避免了抱怨，他们又会在心里上将它搁置，避免了不顺心；然后来个睁一只眼、闭一只眼，当它不存在，于是连“不顺眼”也跟着解决了，于是，“情绪事故”没有发生，用省下的时间与精力去做那些有用的、让自己心情好的事。

“是可忍，孰不可忍”是小雨的口头禅，她是一家公司的新职员，还没有脱去大学生的稚气，每当在公司遇到了“不公正待遇”，总是忍不住怒火中烧，向上级反映。

例如，合同上没有规定必须加班，但在这家公司，每个职员都把加班当做家常便饭，小雨常常对领导抱怨没有加班费，领导一开始还劝劝她，后来干脆对她不理不睬。同事间存在竞争，她也看不惯，总认为别人使坏；看到同事早退，她觉得对方偷懒，也去领导那里汇报，领导只好象征性地批评同事几句，同事从此对她怀恨在心……小雨做事不懂“睁一只眼，闭一只眼”，动不动就发怒，就要说出自己的不满，久而久之，领导和同事都厌烦她，连老总都知道了这件事，准备让人找小雨谈话，如果小雨不能改改自己的脾气，也许会面临被辞退的危险。

对什么事都愤怒、都有意见，是为人不成熟的一种表现，就像故事中的小雨，她总觉得自己“不能忍”，于是她抱怨领导、监督同事、非议环境，当环境与环境中的人已经成为一种常态，你非要站出来指责这不对、那不对，即使你说的是对的，习惯这种环境的人依然觉得你不对，甚至联合起来排挤你。小雨面临辞退，生活中不知有多少人因为自己的“不能忍”而面临着他人的反对和排挤。

每个人都有自己的个性，有自己看不顺眼的事，可以不被环境同化，但也不要在自己没有实力的时候向环境发出“挑战”。当别人都不说什么的时候，你为什么不想想是不是自己太容易愤怒？每个人的忍耐力都有限，多数人都在忍耐，说明事情还在可控制、可接受的范围内，不要因为你自己要求太高而怒火中烧，这种情况是你的问题，不是环境的问题。下面介绍几条克制怒气的实用方法：

1. 自我规劝法

凡事要三思而后行，想要发怒的时候，首先要自我规劝：这件事值得发怒吗？发怒的后果是什么？努力让自己忍住气。怒气有个特点，就是来得快，去得也快，当时不爆发，再过上一分钟，它自然就消了，至少它的杀伤力降了一大半，这时候你即使说几句话，也不会造成大范围冲突。对待怒气，自我规劝法是最常用的方法，它能使你在怒气正酝酿的时候内部消解，自行恢复良好的心理状态。

2. 情绪转移法

情绪转移法是最实用的消气方法，当你觉得自己怒火中烧，干脆想想其他的事，转移自己的怒火。比如，和人发生口角时，你可以首先说：“这件事我们都冷静一下，中午一起吃饭，你有什么提议吗？”这个时候别人也不好再紧追不放。多数时候，两人之间的怒火只是需要有一个人转移一个话题，就可以自然而然地结束。

3. “临阵脱逃”法

当你发现对方怒火中烧时，即使你占理，也不想跟对方硬碰硬的时候，掉头就走是最好的办法。如果你不想生事，就不要去招惹一个暂时失去理智的人，兵法说避敌锋芒，就是在“敌人”气势最强的时候找地方避一避，这不是胆小，而是策略。举个例子，当你的上司正在发火，你有什么意见最好先搁置，等他高兴的时候再谈，如果趁着对方生气提起来，难保不被当做撒气桶。

4. “化悲愤为力量”法

愤怒是人之常情，但怒火中烧，烧的是自己，自然对自己没有什么好处。愤怒的时候，最实际的做法是“化悲愤为力量”，把自己受到的“不公正待遇”当做前进的原动力，让自己更加努力，这也是最积极的做法。

总是对世界抱有愤怒心态的人，如果能静下心来好好反思一下自己，会发现令自己愤怒的并不是某种情况、某个人，而是自己身上的某些禀性，或者说是愤怒自己没有能力。提高自己的克制力和做事的能力，都会让自己更有自信，自信的人不会凡事愤怒，他们喜欢凡事尽在掌握。

◎ 避免与人发生正面冲突

在人与人的对立中，杀伤力最大的莫过于正面冲突。正面冲突有两种：语言冲突和武力冲突。语言冲突表现为两个人对叫对骂，武力冲突则由对叫对骂升级为对打。正面冲突一旦发生，就会对双方形象造成很深的不良影响，也会让两人的关系变得无法弥合。更糟的是，正面冲突只会激发早已存在的矛盾，并将它扩大至最大范围。

以和为贵是一种自控力。尽量避免与人发生正面冲突，不论对骂还是对打，不论自己有理没理，不良后果都要由双方共同承担，自己还可能是无辜的那一个。不如在冲突发生时忍耐一下、退让一步，让对方发泄了自己的脾气，然后再寻求解决问题的办法。不然就像火药碰炸弹，杀伤范围成比例增加，实在让人吃不消。

避免正面冲突，克制与忍耐是唯一的办法，要讲理，要等到对方发泄之后；要公正，也要等到对方熄火之后。要知道对方只是冲动，你不回应就不会变成冲突，你一回应才会变成大事。不要认为避免冲突就是懦弱怕事，比起一时冲动造成的严重后果，你会感激自己的“怕事”，这种无意义的“事”，谁都会怕，特别是有头脑的聪明人，一定会绕着走，碰也不碰。

在美国，当总统不是一件容易的事，他们一方面要处理国家大事，另一方面要不断应对来自议会的弹劾，有时候甚至要面对议员的怒骂。而总统们大多不会与议员发生正面冲突，他们总是极力忍耐，等到对方发作完才做出解释。有这种平和的态度，往往更能得到民众的好感。

美国第25任总统威廉·麦金莱就是这方面的楷模，即使被人当面辱骂，他也会耐心地等对方说完，再以温和的口吻对对方说：“如果你能够平心静气，我愿意详细给你解释这件事……”这种个性给民众留下了深刻的印象。如果每个人都能懂得如何回避正面冲突，就能够极大地减少人与人之间的矛盾。

人们想要避免正面冲突，是因为正面冲突有时候会由“事情”变成“事故”。而且，正面冲突很难控制，两个人面对面，你一言我一语，情绪越来越激动，在旁人面前，谁都怕因首先示弱，而被人看做胆小鬼，就算心里知道该马上结束冲突，也会因为面子而硬着头皮继续硬碰硬。有时候，冲突是被环境逼的，想要避免冲突，先要解决发生冲突的土壤，即自己的心境。

受不了别人的重话、受不了旁人似是而非的怂恿、受不了当众下不来台，都可能让自己情绪失控，与他人发生激烈争执。想要避免正面冲突，首先要知道在什么情况下，人与人容易发生正面冲突。以下几种情况可以供你参考：

1. 原则冲突

原则冲突是不可调和的冲突，这已经不是个人见解不和的问题，而是一种人生观上的违背，互相理解的可能性极低。但是，原则说穿了就是个人的一种选择，各人走各人的路，谁也挡不着谁，最多是看不惯对方。在多数情况下，没必要因为原则问题发生正面冲突，因为不管冲突多少次，你依然是你，别人依然是别人，双方依旧没有调和的可能，只是伤筋动骨，让双方都劳累。

2. 利益冲突

比起原则冲突，利益冲突有更多的可协调性，因为利益不存在绝对值，它可大可小，而且有长线效应，也就是说一时利益小了，可以把目光放长远，累积起来的小利益会变成大利益。这时候，谁也没必要因为一时的利益争执不休，如果实在谈不拢，干脆放弃合作，或各凭实力。最好的方法当然还是寻求共同利益的部分，在能够允许的范围内彼此退让几步。

3. 性格冲突

比起原则冲突、利益冲突，性格冲突既有不可逆转性，又有更大的可调和性，因为就算人们看一种性格不顺眼，依然双方有极大的共存可能，人的性格只要不那么过火，都能被旁人接受，谁没有性格呢？实在接受不了，大不了不相往来，没必非要撕破脸，让对方难堪。

何况人的性格都是多面的，某个人的某一面性格让你觉得无法忍受，等你深入了解后，却发现他的另一面性格让你爱不释手。这个时候，你是因为不喜欢的部分放弃这个人，还是因为喜欢这个人而包容你不爽的部分？或许大部分人都会选择后者。而且一旦有了感情，你对曾经不喜欢的那部分也会有新的认识，甚至看到其讨喜的一面，觉得过去的自己太过主观，形成了偏见。

4. 意外事故

意外事故不可把握，发生得突然，冲突双方即使有涵养也有自控力，在突发的情况面前也难免失态。失态不要紧，关键是不要一直失态，要迅速回复到平日的水准，开始与对方协商解决问题，必要的时候可以为自己的失态向对方道歉。面对突发事故，人们最初都会气急败坏，而在冷静下来之后就会变得通情达理，只要你不纠缠，别人也不会非要和你争个青红皂白。

避免与人发生正面冲突，最需要的是一种忍耐的意识和一种忍让的态度，你的忍让可以让对方看到你的诚意，反思自己，从而增进彼此了解、和睦相处的机会；你的忍耐可以让自己理智地看待事情，不会因一时激动发生偏差，影响全局。

◎ 不要着急生气，克制比发泄更有效

人活于世，谁也不能说自己从来没有生过气、完全没有脾气。情绪本来就是生活的一部分，每一件事情落入我们眼中，被我们用心思索，都会产生一定的情绪。我们需要做的不是克制情绪，而是克制不良情绪，不要让那些负面情绪影响我们的心灵、干涉我们的生活，让我们变得暴躁悲观、冲动易怒。由此可见，生气也有学问。

情绪化的人一生气就要发泄，或者对自己，或者对别人，发一顿脾气后，就心情大好。如果这怒火指向自己，可以将其内部消化，一旦指向别人，就可能会给别人带来困扰或伤害。其实，生气的解决方法不能只靠发泄，克制才是对抗怒气的最好手段。愤怒只会持续一小会儿，持续不了太长时间，若你在当时克制住了，过后自然不会再去没事找事地发火。

有城府的人会下大力气提高自己的克制能力，他们明白人生就像大海里的航船，思想就是船上的舵，而情绪就是握住舵的双手，能不能将船驶向自己想要的方向，全靠双手的掌控。如果任由坏情绪蔓延，偏差就会出现，偏差小的话，只是多走一些路；偏差大了，也许会走向自己根本不想去的地方，也许会面临灭顶之灾。所以，聪明人最怕情绪失控，做出自己意想不到的事，因而他们会让自己冷静、再冷静，克制、再克制，拥有一份理性的心态。

十年前，一个很有艺术细胞的青年想成为一个作家，他写了一封信给上海的一位知名作家，希望得到作家的指教。一个月以后，作家的回信才被送到青年手中，青年一看回信当即火冒三丈：作家没有给青年提任何关于写作的建议，而是将青年信中的语法错误、句子错误用红笔画出，还列出了几个错别字。

骄傲的青年想回信讽刺作家一番，于是他在花园里绕来绕去，想着这封信的措辞。被风吹了半个小时，他的头脑清醒了一些，想到作家在百忙之中还给自己修改文法、指正缺点，虽然他提出的问题可能不合自己的意思，但初衷不也是为了帮助自己吗？

于是，青年给作家回了一封感谢信，谢谢他对自己的指正。作家见青年虚心肯学，不由地对他多了几分好感，此后经常对青年指点一二，让青年受益匪浅。

青年人想要得到作家的指点，得到的却是不留情面的批评，起初青年人想要发火，冷静下来之后却写了一封感谢信，这就是一个心理成熟的过程。面对批评和非议，你可以选择大发雷霆，也可以选择虚心接受，哪一个能带来更多的好处？平心静气想一想就不难回答，不论起因还是结果，克制远远好过无意义的发泄。

因为想要做一件事情，不论遇到什么都不要忘记自己的初衷，为了达到目的，忍受途中的怨气与怒气，当火气升高的时候，理智会给自己一杯冰水，提醒自己不要焦急，也不要愤怒，冷静地思考，这样才能找到最好的出路。那么，如何在怒到极点的时候也能给自己的怒气“降温”？这是一个心理上的渐进的认识过程。

1. 温和地回应比愤怒地回敬更有效

彬彬有礼的人不容易与人冲突，即使他们以为自己受到冒犯，也会审时度势，客观地分析问题。他们把礼貌与温和当做自己的习惯，对待反对者也是如此。而且，没有比温和地回应更好的办法，温和，保持了个人的风度和礼节，在任何时候都不会让人抓到把柄；温和，有助于事情的解决，即使事情迫在眉睫；温和，也让人与人的关系从剑拔弩张到缓和。俗话说，伸手不打笑脸人。你有礼貌，多数人自然不好意思撒泼。

2. 保持理智，才能保证自己的正确

事实表明，一个人对事物的认识越全面、越深刻，他的怒气值就越低，自制能力也越强。足够的理智能够带来过人的自制。控制自己的言行，能确保你在任何情况下不去伤人伤己、有损体面。理智的态度能够保证结局的正确，也让你说的话与做的事更有说服力。

人是情绪动物，培养理智是一个过程，需要长期思考；保持理智也是一个过程，需要长期实践。吃一堑长一智，仔细想想你上一次发脾气是在什么时候？造成了什么样的不良后果？多多检讨，自然会在下一次同样情况出现时多一丝冷静，不再头脑发热。

3. 培养毅力，加强克制能力

一位苏联教育家说，没有克制就不可能有任何意志。在诱惑面前，只有毅力能够保证自制能力持续发挥作用，毅力代表的既是一种坚持，也是一种果敢的进取态度，没有毅力不足以成事，有毅力的人才能对诱惑克制、对情绪克制、对生活克制，保证自己朝着目标稳步行进，而不是旁逸斜出、朝三暮四，更不会因为一时情绪耽误正事。

4. 自我调整心态，保持情绪平衡

每个人对周围的事物都有自己的一套观念，看到某种情况，下意识地做出评价，而且在冲动状态下，这种评价几乎无法更改。为了避免这种偏颇和冲动，在平日就要保持心态的平静、情绪的稳定。要知道影响我们情绪的外界因素很多，如果想在形势复杂的时候保持理性，就要有一颗以不变应万变的平常心，平时不因小事大惊小怪，大事发生的时候才不会乱成一团。

发怒的直接后果不是麻烦，而是后悔，后悔自己因为冲动而伤害了别人，后悔贪图一时快意而造成不良影响，更后悔一次发怒而让自己失去了某种机会。对人们来说，对人事愤怒，与他人争执的最佳结果莫过于以理服人，再退一步，至少保证自己没有损失。面对正面冲突，不妨一笑了之，与人宽容，与己方便。

第 5 章
【苦】到舌根能吃得消

人生苦短，快乐是短暂的，苦涩却常常跟随我们。苦难是人生必经的历程，它让我们寝食难安，让我们愁肠百结，也让我们从中得到经验和财富，还有关于成长的种种回忆。以更积极的心态面对苦难，会让我们的生活有更多的收获。

◎ 笑对人生，苦难是生命中的必经之路

人生中难免有各种各样的苦难历程，面对苦难，有些人常常沉不住气，他们总认为别人比自己幸运，这种区别显而易见：别人脸上总是挂着幸福惬意的微笑；自己却是一脸的郁闷与痛苦，生活的重担全部写在脸上，和别人的状态有天壤之别，怎么能不去羡慕别人的幸运呢？但是他们没有想过，那些笑着的人真的是幸运者吗？

人的表情和心情并不是统一的，例如，在奥运会的领奖台上，银牌得主、铜牌得主和金牌得主一样面带微笑，更多的时候，第二名和第三名的选手在笑，而第一名的选手想到自己经历的不易，常常忍不住流出眼泪。由此可见，有时候笑的那个人不一定是幸运者，他们在维持一种礼貌、一种风度，证明

自己不怕暂时的困难和失败，证明自己有信心更进一步。

苦难与挫折都是人生的必经之路，在这个过程中，你可以选择哭着放弃，也可以选择笑着面对。选择微笑的人，往往是生活中的强者，他们不愿在困难的压迫下露出窘态，也不愿让身边的人看自己的笑话，他们的行为固然有“要面子”的成分，但在这种时候，自尊常常能够激发一个人巨大的潜力。微笑着面对苦难，是一种积极的生活态度，它承认现状的不易，更相信未来的辉煌。

约翰先生是底特律有名的皮鞋生产商，他曾经公开对人表示：他最佩服的就是同一个城市的水果商杰克逊先生。听到的人都觉得奇怪：约翰先生和杰克逊先生似乎从未碰过面，他们做的买卖也是风马牛不相及，为什么约翰先生会佩服这样一个和自己没有关系的人呢？

在一次采访中，约翰先生说出了谜底。原来，十几年前，约翰先生还是个寒酸的皮鞋推销员，他的工作是敲开一户又一户人家的房门，推销一种牌子不响的皮鞋。即使每天累得腰酸腿疼，也卖不出几双鞋，他的心情一天比一天黯淡。每天早上起床，拿起廉价的鞋油擦皮鞋的时候，他不知道这份工作还能做多久，自己还能活多久。

一个冬天的夜晚，约翰还在工作，他敲着一间大房子的房门，前来开门的就是杰克逊先生。看到约翰穿得单薄，杰克逊先生请他进房喝了一杯咖啡，并买了他一双皮鞋，对约翰说：“我像你这么大的时候，还在别人的田里做果农兼推销员，每天连饭都很难吃饱。不过现在我已经是一个成功的水果商——相信我能做到的，你也能做到。”从那天起，约翰先生充满了干劲，他相信了杰克逊先生的话，并以杰克逊先生为目标，一步步走向了自己的成功。

面对苦难，微笑并不是件轻易的事，有时听上去像是风凉话——哭都哭不出来的时候，哪里还能笑？不过就像故事中的杰克逊先生，他的事业从小到大，靠的就是对待困难能够保持笑脸—— 一个推销员在任何时候都要保持笑脸，才能真正地推销自己的产品。其实，我们的人生不也是一次推销吗？向命运推销自己，得到它的承认，才能取得成功，所以，无论什么时候我们必须保持笑脸。

德国诗人歌德说：“如果你觉得自己渺小，那么你已经找到了巨大收获的开端。”“笑对人生”是一种乐观的心态，也是从渺小到巨大收获的开端。当然，痛苦的时候仍然要保持微笑，会让你更加苦涩，但是，一旦习惯，就会从中获得力量。那么如何保持乐观的心态？

1. 想想过去的辉煌成就，补充自信

遭遇苦难的时候，你需要补充自己的自信，以期待自己尽快渡过苦难时期。最直接、最简单的方法是想想你过去获得的辉煌成就。一个人一旦辉煌过，自尊心也会相应提高，不会允许自己对苦难低头，而且，成功时尝到过的甘甜滋味也会加倍激励自己再创佳绩。

在困难的时候千万不要想过去的失败，从过去到未来是个无法中断的过程，现在就是它们的连接点，用成功的心态看待困难，往往就能以成功联系过去与未来。

2. 幻想一下未来的场景

过度幻想会消磨人的斗志，适当的幻想能点燃人的激情，尤其是在困难的时候，只要想到渡过这次困难之后能够得到的成就、能够享受到的赞美、能够给自己的前途带来的资本，多数人都会觉得充满了干劲，愿意再拼搏努力一下。即使你是个非常客观冷静的人，幻想一下这样的场景，也不无帮助。

3. 客观分析现在的困难，寻找解决途径

苦难是人生必经的过程，战胜困难是成功人生必需的步骤，如果一个人能有这样一种心态：遇到困难的时候，不是抱怨自己倒霉，而是立刻想到“这是考验”。那么他就具备了极强的心理素质，能够把人生的一切当做一种挑战，节省旁人用来哀叹的时间，一心一意争取自己的胜利，这样的人大多能创造傲人的成就。

每个人都需要一种“笑对人生”的心态，你把痛苦看得少一分，幸福就会多一分。你以超然的心态看待周围的烦恼，烦恼就会离你远去。五味俱全才是人生，既然享受了甘甜的部分，苦涩的部分也要微笑着面对，这才算真正的品味。

◎ 不计旧恶，哪怕自己吃点儿苦

人生的苦闷，很多来自人与人之间的关系，没有一个和谐的人际关系，人们往往要吃上很多苦头。得罪了人，别人固然要给你使绊子；被人看不顺眼，也可能成为事业与生活的阻力；和人面临竞争，竞争对手视你为死敌；有时候被人误会，还会招来诸多流言飞语……有人会说，那些长袖善舞、八面玲珑的交际人物总不会有阻力吧？当然不是，有时候，他们得罪的人更多，还会被人冠上“虚伪”的头衔。人心隔肚皮，你无法得知别人究竟在想什么，敌人固然不可信，朋友也未必全然真诚，这个时候，你依然需要为人处世的经验以及良好的自控力。

最理想的人际关系在本质上有一种真诚，这就是我们始终强调自控力的原因。功利主义要求人们追逐利益最大化，不顾及任何事；自控力却要求人们在一定原则基础上采用适当的方式，哪怕自己吃点苦头，也不要为一时快意而肆意报复他人。

你是否总是记恨那些令你吃过亏的人，或者一而再、再而三地反对那些你看不顺眼的人。有些人“爱憎分明”，喜欢一个人就喜欢到底，讨厌一个人就看不到那个人的任何优点。但是，每个人也都有维护自己利益的天性，当别人干涉过你、伤害过你，你仍然想与他保持相对友好的关系，甚至将他变做朋友，不念旧恶是你唯一的选择。

琼斯在一家公司的市场部工作，他是公司的老员工，对营销有自己的一套经验，很得上司器重。没想到今年以来，他的地位却一直在下降，原因是单位来了一个叫玛利亚的新员工，玛利亚年轻有实力，又有很多新点子，业绩蒸蒸日上，成了公司的新主力，连创佳绩。

琼斯很不服气，认为玛利亚是靠巴结上司和顾主才能有这样的业绩，他经常给玛利亚使绊子，和玛利亚抢客户。玛利亚也不懦弱，看到琼斯为难她，就处处与琼斯对着干。因为忙着给对方添麻烦，两个人的业绩都受到了很大影响，直到影响了年底的效益奖金，琼斯才发觉自己作为前辈、作为男人，心胸太过狭窄。

琼斯主动找玛利亚道歉，并虚心向玛利亚请教寻找年轻客户的方法，还经常把自己的经验教给玛利亚。玛利亚看到琼斯真心诚意，就放下成见，常和琼斯一起分析市场、制订计划，两个人合作无间，成了公司里最厉害的一对搭档。

很多时候，我们猝不及防地吃了苦头，原因不是得罪了谁，而是妨碍了谁，或者单纯因为自己的优秀引起了别人的忌妒。吃了苦头以后应该如何对待他人？在故事中，玛利亚原谅了主动道歉的琼斯，还和他成了好搭档。但是，生活中没有这么多理想化情节，很多时候，让你吃苦头的人也许根本不道歉，也不觉得自己有什么错。

对待这种事，关键仍然在于自己的心理状态。有自控力的人往往表现出超出常人的宽宏大量，即使有人得罪了他们，他们也会很有君子风度，不会伺机报复，也不会说三道四。看上去他们似乎很吃亏，其实是赢得了主动权和口碑。如果你仍然觉得心理上过不去，不愿与那些有过节的人和解，不妨想想以下几点：

1. 以牙还牙只会让事情没完没了

人与人之间难免有过节，如果今天我打你一拳，明天你踢我一脚，后天打一架，事情就会一直持续不断下去，永远也不会有和解的一天。但是，与他人有过节是一件耗费时间和精力的事，试想你原本可以用和别人较劲的时间干正事，做出一番成绩，却因为和人钩心斗角，让机会与自己擦肩而过，难道不可惜吗？

如果你持续不断地做好事，你就能从中得到一些益处。但是，与他人产生过节除了让彼此厌恶，继而彼此拆台外，没有多少正面功能，没完没了下去，只会耽误自己的人生。

2. 要看到日后的合作可能

以现实眼光来看，多一个冤家绝对不是一件好事，因为世事无常，今日的对头也许会变成明日的合作者。仔细想想，你和谁没有合作的可能呢？也许是生活上的，也许是事业上，即使各方面不再有交集，有天可能同时在沙漠遇险，到时候不还是要互帮互助？所以，不要总是顾念着别人旧时的错误，也许他也在内心后悔着，只是碍于面子不想说出来。你以宽容的心态接纳对方，绝大多数的人都会知恩图报。

3. 只当自己交了一次学费

人们不愿意忘记旧恶，其中一个重要原因就是觉得自己吃了亏，还可能是吃了大亏。不过，每个人都在吃一堑长一智中锻炼自己的心智，如果达观一点，就会把这件事看成一次学习的机会，以实际损失向社会交了一笔学费，学费数额可能大也可能小，但也不算血本无归。

人与人的关系有时像同一个赛场上的选手，本质上是竞争的，甚至常常为名次争执。但是，如果能懂得学习别人的长处，把对手变为朋友，更是一件好事。从前的事毕竟只是从前，人还是要向前看，不论是看待事情，还是看待身边的每一个人。

◎ 记住他人的好能给你的人生带来很多益处

人生难免会有苦难，如果因为苦难，因为某些人的刁难和欺骗，就开始怀疑世界上的一切人、一切事，完全否定他人，这就是自己的心理出了问题，把世界想得过于黑暗。万事万物都有两面性，人心也是如此。如果只盯着黑暗面看，自己也会变得越来越没有安全感。不如学着聪明，在提防他人危害自己的同时依然能够与他人友好相处，享受人与人之间的情谊。

有一个孤儿出生时就被父母抛弃，在孤儿院生活。六岁那年，一对夫妇将他接走。夫妇二人结婚后一直没有生育，收他做养子，想要今后有个依靠。没想到三年后，夫妇二人有了自己的孩子。他们为了生计考虑，将孤儿送给了别人。孤儿哭泣着不愿意走，却被养父母狠心地赶出了家门。

第二家人将孤儿当佣人一样，让他在家里干活，也供他读书。四年后，那家人觉得孤儿上学太费钱，不愿意再养他，任凭孤儿百般恳求也无济于事，孤儿只好收拾行李，在一家饭店找了一份包吃包住的工作，从此开始了他的艰难人生。

在十几年的时间里，孤儿做过苦工，上过当，忍受了无数委屈，甚至当过乞丐。但孤儿生性倔犟，从来没有放弃出人头地的念头，最后，他成了一家餐饮公司的大老板。让人惊讶的是，他将曾经养过自己的两对夫妻接到家里共同居住，像对待亲生父母一样对待他们。面对别人的不解，他说："为什么要只记得自己受过的苦？我只知道当年如果他们不给我饭吃、不给我住的地方，我根本活不到今天。"

故事中的孤儿就是一个"以德报怨"的典型，养父母们的确让他吃了很多苦头，但也给予他很多。当他功成名就之后，他首先想到的不是自己遭遇的不幸，而是养父母曾经给自己的恩情。对于那些心地仁慈宽厚的人，记得他人的好比不好更重要，他们总会选择用别人的好抵消别人的不好，因为他们懂得知恩图报。

每个人与人接触的时候，都希望在对方身上得到关怀、照顾、帮助，有这种想法的人并不是自私，只是人的一种惯常心态，有这种心态不代表他们不会回报，反而会回报得更多。但是，每个人的性格都是多面的，至少和你是不同的，给了你关怀的同时，就可能给你伤害，所以不能只是要求他人对自己好，而不接受其他方面，有这种想法的人才真正自私。而且，记得别人的好，会给你的人生带来很多益处，例如：

1. 一个人的心胸决定了一个人的成就

做大事的人不能心胸狭隘，如果一个人总是记着旧日的仇恨，那么很多人都可能不小心得罪过他，若他从此和这些人划清界限，也就是使自己能够发展的范围相对变小，使自己可能的盟友相对减少。一个人如何对待自己的仇人最能看出他的心胸，而人的心胸常常能够决定他能多大限度地争取人心，也就决定了他可能做出多大的成就。

2. 面对伤害，需要有强大的心理素质

人生中难免要面对别人给自己带来的伤害，有时候这伤害是一时的，很快就能“一笑泯恩仇”；有时候伤害是长久的，留在心里成了挥之不去的阴影。这个时候想要原谅别人，忘记别人的不好，就需要强大的心理素质，既要有对对方处境的体谅，设身处地地为对方着想；还要有全面的分析能力，看到当事人双方各自的失误；更要有长远眼光、自省能力，等等。这都需要平日的历练和积淀，最重要的是要分清孰轻孰重，懂得感恩和宽容。

3. 懂得感恩的人，才懂得真正的生活

人与人之间的矛盾在所难免，但是，对待那些曾经照顾过你、关心过你、帮助过你的人，理所当然地要多一分宽容，更要懂得感恩。否则，人与人的关系就会变成冰冷的利益关系。在利益为前提下，生活也会变得渐渐失去人情味，这才是人生的最大损失。

有自控能力的人是那种既注重现实利益、也注重人格修为的人，他们不会忘记别人对自己的好，又能以现实眼光原谅别人的过失，于是，他们给人的感觉往往是最理想的。既让自己开心，又让别人尊敬。

◎ 用一颗慈悲之心抚慰心中的伤害

人生路途中，人们难免面对伤害与痛苦，有时候是自己遇到了悲伤，发现自己无力解决，有时候看到别人遭遇痛苦，虽由衷同情，却没有能力做些什么。林林总总的痛苦让人们备受打击，也让那些坚强的人变得更加成熟。

要用什么样的心态面对人世的痛苦？这个问题的答案并不复杂，能够抚慰痛苦的只有慈悲——对自己和他人的爱护与慈悲。

想必我们都还能记住小时候不停地哭闹，这时候，如果有人肯来我们身边说几句安慰的话，逗我们发笑，让我们开心，烦恼和悲伤很快就会无影无踪。这就是我们接触的最初的慈悲。长大后，我们的烦恼可能不会因为几句话减少，但是，如果知道自己被关心、被爱护，至少在心理上，我们是舒服的、愉悦的。

有自控力的人懂得慈悲的重要，“慈悲为怀”不是出家人的专利，对人对事的慈悲，其实就是对自己的慈悲。你能够怎样对待别人，别人才能怎样对待你，想要他人、命运对你慈悲，你先要对他人、命运付出足够的慷慨。当你真正把自己的所做所为看做一种心甘情愿的付出、一种对他人的帮助，你会更坦然，不论出现任何结果，你都不会觉得是一种伤害，因为你已经做到你应该做的事。

有这样一则故事。

村子失火的那一天，农夫达尼正在山里种地，看到远处的火光，他扔下农具赶回去救火。当他赶到家中，发现自己的屋子被烧成一片焦土，而邻居杰克的屋子却只损失了一个屋顶，达尼问杰克：“我们是从小到大的好朋友，你怎么忍心只救自己的屋子？哪怕你在扑灭自己家的火之后来扑灭我家的火，我也会感谢你……”

杰克一脸愧疚，不敢抬头看达尼。大火来临的时候，他慌了神，只顾着扑灭自己家的火，根本没想到达尼家。他想起达尼曾对自己的帮助，想起达尼被烧掉的全部家当，越想越觉得自己是个自私的人，杰克总想用什么方法补偿一下达尼，可是达尼根本不理他。

就这样过去了一年时间，达尼搬到了更远的地方住，杰克开始做打鱼生意，且越做越大。这一天，他的雇工急匆匆地跑来告诉他：他的大渔船被火烧了，幸好发现及时，损失不大。令杰克没想到的是，这个发现火灾的人竟然是达尼。

“你为什么还要帮我呢?”杰克百感交集，“上一次，我并没有帮助你，不是吗?”

“总想着过去的事有什么用?最重要的是我看到了火灾，不想你遭受损失。”达尼说。

一个人受了伤害，觉得难以释怀，但是，如果一直不能释怀，就等于把这份伤害持续下去，甚至让这份伤害的阴影一直笼罩着自己，这同样也是一种伤害，甚至这种伤害比他人给的伤害还要严重，因为一旦你对某些事看不开，就会使你产生心结，这个心结会影响你对其他事的判断，让你产生某种偏见，对人格发展来说，是一种极大的负面影响。

对他人慈悲其实就是对自己慈悲，对自己慈悲其实就是说服自己尽量想好的方面，遗忘那些坏的方面。而且，慈悲能够让自己更加平心静气地对待外界事物，有一份平静的心态，在任何时候都能保持超然，就更不容易受到打击与伤害。那么，如何让自己具有慈悲心态?

1. 要理解他人的难处

人生在世，不是只有你一个人遭遇痛苦，每个人都有他自己的难处，不论是受到伤害还是被人得罪，或者因为他人连累而受苦，如果能想想他人的处境、感受，就更容易看开眼前的事，因为如果是你遭遇他人同样的情况，你未必会比他人做得更好。为他人着想、理解他人、愿意同情他人的遭遇，你就已经具备了一份慈悲的心态。

2. 要懂得别人表达歉意的方式

当别人为你带来痛苦，他未必没有愧疚感，有些人性格直爽，也许会直接向你道歉，希望得到你的原谅；有些人心思细密，则会小心地观察你的反应，然后才能确定用什么样的方式向你道歉；有些人不擅表达，也许他已经在用实际行动表达歉意，但你却没看到。

对于别人的歉意，如果能及时接受，会让双方都放下一颗心，不必担心从此结仇，也许还能化干戈为玉帛，所以，要用善意的眼光看待别人的行为，这也是一种慈悲。

3. 不要事事想着回报

有时候，人们的心理落差不是因为伤害，而是因为自己的付出没有得到应有的回报，特别是当你全心全意地对待他人，他人却丝毫不知感激、甚至恩将仇报的时候，那种伤心比被遭仇人陷害的伤心更甚。但是，付出并不是以回报为前提，事事想着回报，就会使自己整天生活在落差中，变得越来越自私，更不可能懂得慈悲。

人生的苦楚众生平等，你受苦的时候，别人也在遭受着其他痛苦，如果能对自己、对他人都有一份宽容爱护的心态，就能减少自己和他人痛苦的感觉，更相信人性的美好。慈悲若能与自控力相伴，将会使人的心态由爱自己转向爱更多的人，从而做出更多造福大众的事业。

◎ 吃一些苦，让生命更有价值

在悲观的人看来，生命就是一个吃苦受累的过程。在他们看来，做什么事都是在吃苦：生下来第一声啼哭是苦，因为马上就要开始经历苦难的人世；小时候认真学习是苦，因为缺少了玩乐时间；长大了拼命工作是苦，因为付诸所有的劳动不过是为了一份不算多的工资；当父母是苦，因为有了更多的负担；年老了更苦，因为疾病与死亡马上就要到来……

在他们眼里，看不到出生的意义，感受不到奋斗的快乐，体会不到感情的价值。他们总把人生当成一摊苦水，想要摆脱，又发现自己没勇气寻死，也不想放下责任，于是他们的苦成了自苦，成了消耗。他们并非体会不到欢乐，却总是把欢乐浸在苦水里一同喝下去。他们常常说生命没有意义，自己太过平庸、缺乏价值。也许，他们只是没吃过真正的苦。

以什么样的心情享受是一种选择，以什么样的心态吃苦却能反映一个人的价值。从出生到死亡，人无法避免压力与痛苦，并不是只有自己苦，而是世界的规律、生命的规律。人活着并不是为了受苦，而是尽量在苦中寻找快乐。真正的自控力在于一种对事情的消化能力和引导能力，承担了事实，承受了痛苦，然后在心理上将经历的这些当做经验，把事情向更好的方向引导，让生命更有价值，才是生命的意义。

毕业后，小李在一家公司打工，他遇到了一个十分难缠的上司。这个上司最爱挑人毛病，对待新人时刻观察留意，一有毛病，就要说个没完，还会把这些事告诉老板。更让小李受不了的是，一旦工作出了问题，上司就会把责任全部推给他，这时候知道真相的同事也不会为小李说一句公道话。

半年后，忍无可忍的小李选择跳槽。在新公司，小李成了优秀员工。可是，他又遇到了一个麻烦的上司，这个上司脾气暴躁，动不动就骂人，骂得十分难听。小李为人很有礼貌，受不了上司动不动就吐脏字，又想辞职了事。小李的姐姐劝他说：“哪个新人刚开始没吃过苦？想要成功，你要吃的苦还多着呢，现在就受不了了？而且，世界上怎么会有十全十美的上司？如果上司要求严格，你就尽力达到他的要求，这对自己难道不是一种促进吗？”小李打消辞职的念头，工作更加努力，渐渐地，上司对他的印象越来越好，将他当做重点培养对象。

人们对待苦难不外乎两种方式。一种是以消极的态度对抗它、仇视它，包括无休止的抱怨，也包括看到机会就要逃避。故事中的小李在最开始的时候，选择的就是这种方法。另一种方法是以积极的态度接纳它、正视它，包括积极的承担，把它视作某种提高自己的机会。相信小李成为重点培养对象后，再想想自己挨过的骂，想必滋味大有不同。

苦难能够促进人的发展，是心灵成长的催化剂，它能使人在短时间内变得成熟。而长久吃苦会磨炼人的耐性和韧性，使人在环境的压力下积累智慧和能力。只要继续努力，不被眼前的困境击倒，能力不够，可以用努力弥补；对于他人别有用心的刁难，可以用成绩回击，到你成功的那天，一切苦都有了它的价值。那么，要以什么样的心态面对“苦”呢？

1. 不要逃避

每个人都想有轻松的人生，“吃苦受累”这个词听上去让人望而却步。可是，成长的每一个步骤、生活的每一个方面，都有让我们吃苦头的一面。当你想要休息娱乐，却不得不去做那些必须做又让你觉得无趣的事，这种苦闷也让你觉得生活缺乏趣味和活力。

但是，吃苦也是生命历程必经的一部分，也许还是最重要的一部分。道理很简单，想要学会拳脚功夫，最先要经历的事是挨打，挨的打越多，越能学习别人的招式，寻找别人的漏洞，如果打你的人门派不同，你学会的就是针对不同套路的克敌方法。吃苦是一种学习、一种锻炼，有成就的人必须吃苦，否则只能当绣花枕头。

2. 要搞清楚问题的关节

生活中，一些难题让我们吃的苦头最多，有时我们缺乏经验，根本不知道如何应对；有时我们脑筋转不过来，想不到最好的办法；有时候我们没有先见之明，错过已经到手的机会；有时候我们急进，在事情尚未明朗前就开始行动，使后果更加严重……

有问题就要解决，不论多难的问题，都有一个或几个关节点，冷静分析，找到这些关节点，用最大的精力攻克这些部分，难题也就解决了一大半，剩下的细节只要有耐心和足够细致，也能很快解决。搞清关节，就是解决问题的关键，让我们尽量减少吃苦头。

3. 战胜苦难才能走向成功

比起吃苦，苦难让“苦”的程度又增加几成，像是由灾难痛苦堆积成的猛兽，让人全无招架之力。不够勇敢的人总是想躲开苦难；贪图享受的人从不想承受苦难；很多人在困难面前容易游移不定，他们对人说自己在思考解决的办法，其实是在徘徊，不敢向前迈步，不断纠结着要不要换个方向。在时机不成熟的时候，回避困难的确是一种策略。但大多数时候，困难需要你迎上去，需要你拿出拼劲，硬碰硬。

有自控力的人从不抱怨吃苦，他们甚至会主动选择那些又苦又累的事去完成，作为一种锻炼。理性的父母教育孩子的时候，会特意让孩子多吃苦，就是让孩子提前锻炼抗压能力，以便应付今后更多的苦难。吃一些苦，生命会有更多的经验和感悟，性格也会变得更加沉稳和坚韧，所以，吃苦让生命有了更多的价值，也开辟了更多的可能。当你想要抱怨生活中的苦，一定要牢记：吃得苦中苦，方为人上人。

◎ 自我解嘲，用积极的心态对抗残酷的命运

某电视台想做一个关于长寿的节目，想要去采访一些老人，问问他们长寿的秘诀究竟是什么。记者们避开那些地理位置极其优越、适合长寿人群的地区，而是在城里选择一些90岁以上的老人作为采访对象。他们发现这些老人并没有什么养生秘方，甚至不是靠锻炼，有的人靠的仅仅是一份良好的心态。

人生在世，每个人都要遇到很多打击和痛苦，没有一份积极的心态，心情只能随着际遇起起伏伏，顺利的时候开怀大笑，不顺利的时候消沉悲观。但是，人生的不顺利总是多过顺利，苦难也总是多过甜头，随着年岁的增长，更要经历很多年轻时不曾体会的挫折压力、疾病困苦、生离死别，旧日的欢乐像是再也回不来，明日的欢乐却看也看不见，这个时候，不想让痛苦压垮自己，只能寻找办法战胜痛苦。

有深度的人都有战胜痛苦的经验，或者说，他们的深度正是在和痛苦做斗争中产生积累的。他们知道什么时候该奋起直追，什么时候该忙里偷闲，什么时候该选择遗忘。最重要的是，他们懂得如何自我解嘲，即使痛苦摆放在眼前，他们也能用一句自嘲、一种幽默的心态将痛苦的分量减轻，这就是达观。

华教授是大学里最受欢迎的教授之一，每次他开选修课，报名的人都会

爆满，外系的学生都会闻名而来，课堂上总是有旁听生。他不但课讲得好，为人也受到学生们的尊重。

华教授是个残疾人，右臂只有一半，他的行动不方便，只能拿左手写字，每次上大课放课件的时候，动作都要比其他老师慢上几倍，这时候他会笑着对学生说：“胳膊不够长，用时间长来补，大家等一等，等一等。”他从来不把自己的缺陷放在心上，学生们都很佩服他的达观。每当他不以为意地说起自己的右臂，用幽默的方法化解自己的不便，学生们越能够体会什么是真正的自信。

在生活中，什么样的人最容易受人尊敬？是那种明明受过很多苦难，依然保持达观，愿意以幽默、积极的态度对待人生，并以善意对待他人的人，就像故事中的华教授。面对这样的人，多数人都会觉得汗颜，都会觉得比起他们，自己受到的苦是如此的微不足道，但是却远没有他们那么看得开，不禁就会对这样的人肃然起敬。

达观，是一种对人对事的积极自信，当生活给予人们苦难的时候，有些人愿意以达观的心态容纳苦难、克服苦难。他们知道不论是苦是甜，生活都要继续，不以笑脸面对，就只能哭或板着脸，为什么要让自己看上去像个被击倒的失败者？不如自我解嘲，然后继续努力。那么，在日常生活中，我们如何保持达观的心态？

1. 用幽默化解失意

幽默是化解失意的最佳办法。生活中，我们难免遇到考试挂科、情场失意、工作瓶颈、家庭纠纷等事故，更糟糕的是这本应是你自己的事，却有一大堆人在旁边看热闹，有人劝解、有人安慰、有人说风凉话，这个时候，最好的办法是什么？

以一句幽默话把失意淡化成不值得一提的琐事、不值得悲伤的小事、能够成为笑料的蠢事，就连失意也会随之减少。与其让你的失败接受旁人同情的目光和别有用心的嘲笑，不如让别人捧腹大笑。

2. 用坦率淡化缺陷

面对缺点，有些人坦然承认，装作根本没有这回事；有些人遮遮掩掩，生怕别人知道这回事，如果有人说起，多半还会恼羞成怒；但还有一些人非但不遮掩、不回避，还敢于自我暴露，告诉别人“就是这么回事，你们看好了”。这是一种坦诚，也是一种高人一等的自信，它显现出的勇敢与风度总能引起他人的尊敬。

自我嘲笑是坦率表现的升华，是自我超脱的一种方式，人以自嘲的姿态摆脱尴尬，而且面带笑容，用调侃的方式自我贬低一下，流露出来的并不是自卑，而是更大的自信，让你看上去更有魅力。

3. 用信心挑战失败

谁人未曾失败过，失败对于每一个人而言，都是在普通不过的事情。然而，人们承接失败的态度与表现却不尽相同：有的人介怀不深，越挫越勇；有的人耿耿于怀，甚至就此一蹶不振，怀疑人生……失败的可怕之处可能就在于此，它不仅能摧毁一件事，也可能摧毁一个人对自己与生活建立的信心。反过来说，不失去信心，人就不会被失败击败，那么人生就没什么可怕的了，这也就是人们在面对失败时应具备的达观之心：做信心的巨人，用信心不断挑战失败。

世事烦扰，达观是最简单的生存智慧。有自控力的人对待命运总能轻描淡写，即使残酷的折磨也不能打消他们对生活本能的热爱与理性。此外，与达观为伴的人能够更好地生活。他们不怕遇到困难，因为在达观心态的消解下，烦恼成了人生的常态，也成了快乐的来源，没有什么克服不了的事。

第6章
【烦】到心乱能静得住

人生在世，大麻烦常有，小麻烦不断，如果不好好控制，“烦”就不仅仅是一种心理状态了，还可能转换为生活状态。“心烦”就会“意乱”，注意力乱了，主意也跟着乱，事情的结果也会乱，生活也就变得更乱。所以，心烦的时候首先要让自己能够冷静思考。

◎ 世上本无事，庸人自扰之

“烦”是现代人标志性口头禅之一，我们每天都能在各种场合听到这个字。在因红灯暂停的公车上，不止一个人说：“烦死了，这么慢，迟到了怎么办”；在人头攒动的餐厅里，有人一边打电话一边露出不耐烦的神情，只差拿筷子敲盘子；在堆满文件的办公室，很多人神经高度紧张，以厌倦的神色加班到深夜……他们脸上的疲惫和厌倦让他们没有力气找人吐苦水，只能变成嘴边无奈的一个字——烦。

人生的烦恼无穷无尽，从出生那一刻，就要为生存烦恼；长大后，学习、恋爱、工作都伴随着大大小小的烦恼，没有人能说自己没烦恼，只能说烦恼有大有小，心态有坏有好。即使有再好的心态，也经不住日复一日单调烦躁的生活，而且有时候自己想要寻找一块清静的地方，寻觅一点悠闲的情致，却发现自己没有那份闲暇，需要解决的烦恼那么多，根本没有闲情逸致存放的地方。

唐朝时，名将郭子仪是平定安史之乱的大将，也是为皇帝所倚重的肱骨之臣。他为人低调，与朝臣们关系良好，从不招惹是非。他知道古往今来劳苦功高的大臣很容易引起皇帝的疑心，所以做起事来小心翼翼，从不抢风头。不过，自从他的儿子郭暧娶了皇帝的女儿升平公主，他便觉得日子不太好过。皇帝的公主金枝玉叶，难免脾气刁蛮。郭暧也是个有脾气的人，常和公主发生争吵。

有一次，郭暧喝醉了，又和公主吵了起来，还打了公主一巴掌，并且嚷嚷："你的父亲是皇上有什么了不起？如果没有我的父亲，他不知道能不能当这个皇上！"这件事很快在朝廷上传开了。

郭子仪听了吓得不轻，他心想，这件事如果被别有用心的人拿去做文章，岂不是要被扣个"谋反"的帽子？他连忙将郭暧绑了起来送给皇帝发落，皇帝却说："不痴不聋，不做阿翁，小孩子们闺房里打架，怎么能当真呢？"郭子仪虚惊一场，不禁感叹皇帝的大度。

对于郭子仪来说，最烦恼的事就是皇帝因为郭暧的话对自己起疑心，他的烦恼不是没有道理。古往今来，多少疑心重的皇帝因为臣子的一句戏言、一句气话而导致内心不安，不得不夺走臣子的身家性命。不过，比起烦恼，郭子仪更重视的是如何解决烦恼。与其战战兢兢地担忧，不如赶快做点什么，使事情往好的方向发展。世间最烦恼的不是那些事情众多却能妥善应对的聪明人，而是那些事情不多却不知道如何处理的庸人。

世上本无事，庸人自扰之。如果用理性的眼光看待一切，就会发现很多事情并没有那么复杂，至少不会到让人心烦意乱的程度。多数时候，你采取装聋作哑的方法，烦恼自然而然就会消散，而那些没法消散的，你烦恼也没用，何必苦了自己？在生活中，要能够辨别什么样的事值得烦恼、什么样的事根本无须烦恼，例如下面这些事，千万不要为它们伤脑筋。

1. 无法更改的事

如果事情已经有了决定性的结论，不论结果对你来说是不幸还是郁闷，是好还是坏，它都已经成了一个再也不能更改的事实，你能做的只有尽量消化和接受，因为不论你做再多的努力，投入再多的感情，也是做无用功，根本不能给你带来任何实际益处。

和无法更改的事较劲儿就是做蠢事，还不如赶快想想下一步该怎么做，不要为无法更改的事烦恼，那只会让你的心情越来越糟糕。

2. 芝麻绿豆大的小事

一个人是否整天都生活在烦恼中，也和他的心胸有直接关系。他人给你带来的麻烦有时很不起眼，如果你连别人踩你一脚都要唠叨，别人说你一句都要气上半天，你的生活还有什么快乐可言？对那些芝麻绿豆大的小事，能放则放，一笑了之是最好的选择。计较那些不值一提的事，只能显得你太看不开、小心眼。

3. 和你无关的、别人的私事

有时候人们的烦恼并不是因为自己，而是因为他人的状况。如果对方是与你亲近的人，你的烦恼还可以理解，如果是根本与你无关的人，你长吁短叹就太过多愁善感，不免让人怀疑你是不是林黛玉转世。他人的烦恼，他人会自己解决，你再烦也使不上力。何况，他人也许只是抱怨几句，实际情况并没有那么糟，你想都不想就开始为对方着急，未免太过劳心。如果涉及别人的私事，你烦起来还会有越权的嫌疑。

4. 真假难辨的事

有些事传来传去，谁也不知道真假，比如说办公室传出要裁员的小道消息，你为此饭都吃不下去。但这件事是真是假无法考证，你还没得到确切消息就开始烦恼，未免杞人忧天。何况，就算真的裁员，你确定裁的一定是你吗？

有自控力的人会以一颗平常心对待生活，即使遇到烦恼，他们首先想到的是冷静，他们把烦恼局限在一定范围内，坚决不人为地增多。处理烦恼需要智慧，也许每天都有意外让你头疼，但至少你要告诉自己：烦恼已经够多了，千万别再自己找来添乱。

◎ 烦恼源自太大的压力

面对烦恼，心态很重要。但是，有时候，再好的心态也无法承受接连不断的冲击和折磨。聪明一点的人都知道不要去自寻烦恼。人生在世，谁不想潇潇洒洒、快快乐乐？有时候，不是自己去找烦恼，而是烦恼就在面前堆着，推也推不倒，绕也绕不过，想要告诉自己不去想，却发现衣食住行样样都是烦恼，没有办法不看、不想。

特别是现代人，烦恼更是无以计数。现代人对自己的生存状态有很清醒的认识，竞争激烈，稍不小心就会被打败，时时小心就很难心平气和。想要过得逍遥自在一点，奈何生存压力太大。现代人的烦恼多半来自生存压力和环境压力，时刻存在的紧迫感让他们只能急匆匆地来来去去。当好心情越来越少，能够调整心理状态的机会也就越来越少，烦恼逐渐挤压过来，再也无法摆脱。

对待压力，有的人多数时候选择承受、消化，少数情况会选择回避。比起那些整天烦恼的人，他们明白压力是无法避免的，想要生存就要面对压力。何况，有压力就有动力，压力来的地方都和成功目的地有关，既然想要有一番作为，就要首先承担起巨大的压力，他们甚至认为这很公平。也许就是这样的认识，让他们逐渐有了良好的抗压心态，由压力衍生的那些变化、突发的紧急情况，都不能扰乱他们稳重的步伐。

进入新公司后，胡先生的生活可以用“诸事不顺”形容，工作上，他的下属不愿意配合他的步调，甚至公开和他唱反调。上司们对他持观望态度，很少发表评价，他也摸不准领导的心理，做事越发小心翼翼。从前看上去贤惠的妻子突然多了很多毛病，变得唠唠叨叨，整天问东问西，更让他烦上加烦。一直支持他的父母突然变成了“成功学家”，每件事都要过问，都要提出意见，教导他应该如何做。胡先生甚至想去算算命，是不是这个工作和自己犯冲？

一天，他和妻子发生了激烈的争吵。他怪妻子不体谅自己的烦恼，妻子说：“你到底是怎么回事？自从换了新工作，你每天都不给人好脸色，以前问你什么，你都很有耐心，现在还没等开口你就先说烦！以前你遇到什么事都找爸爸妈妈商量，现在你根本不尊重他们的意见！”听了妻子一席话，胡先生才发现原来“不顺”的原因不在他人身上，他人没什么改变，变的是自己的心情。工作带来的烦躁影响了他处理人际关系的耐心，这烦躁来自换工作后巨大的心理压力，如果不能及时克服，只会让自己的情绪越来越糟。

“烦恼”这句话常常和“糟糕”联系在一起，就像故事中的胡先生，他的“糟糕”来自工作、生活中遇到的烦恼，烦恼来自工作、生活的不顺利，追本溯源，所有“糟糕”的原因都来自心理上无法排解的压力。最糟糕的是，这样的人一般察觉不到自己的问题，而把问题统统想成外界的、他人的，于是他们的顺境越来越不顺利。

一个人的心情也分恶性循环和良性循环，像胡先生这样“压力—烦恼—更大压力—更多烦恼”就属于恶性循环。如果能在压力产生之初看开一点，积极寻找解决问题的方法，合理排解心情，压力的分量就会减轻，烦恼就会变少，就能使人更有干劲，解决更多的事，这样就形成了一个良性循环。每个头脑聪明的人都应该按照以下方法保持这种良性循环：

1. 合理的饮食和作息

爱惜自己要从生理做起。身体是革命的本钱，心情上的问题和生理是否良好息息相关。拥有合理的饮食习惯、按照正常时间起床睡觉，看起来和心情没有什么关系，却能让身体维持一种健康的状态，至少让疾病和亚健康远离你，不会在生理上给你带来新麻烦，而且也能抵抗焦虑，让你的心理不那么紧张。

2. 适当的运动

运动的好处很多：能够保持身体的健康、提高免疫力、健美身形、防止肥胖……最重要的是，越来越多的现代人喜欢待在家里，不出去呼吸新鲜空气，一个人憋在狭小的空间，很容易想东想西，不是麻烦的事也被想成麻烦。如果能出去运动一下，既锻炼了身体，又在劳累中享受到“焕然一新”的充实感，真可谓是一举两得的好事。

3. 陶冶身心的业余爱好

闲暇时间，与其为烦恼伤身，不如培养自己的爱好，不论是听音乐还是烤面包，那些让你觉得有趣又有成就感的事都能让你察觉到生活本身的美好，从而使你在业余爱好中发掘很多乐趣，那些一直压在自己身上的烦恼也能暂时放在一边。和你得到的欢乐与笑声相比，烦恼是件不受欢迎的事，你会觉得在同样的时间内做喜欢的事比想讨厌的事要划算得多。

4. 旅行

如果压力太大，打扰到正常生活，建议你给自己放一个假，来一次长途或短途的旅行。选那些风景优美的地方，因为自然是舒缓身心的最好去处。旅行不但可以让你看到秀丽的景色，还能够接触到不同风土人情，经历那些陌生的事物，这都能让你重新燃起对生活的热情。

压力大的时候，要学会自我排解、自我减压，不要眼睁睁地看着烦恼压下来，而要撑起自己的“防护罩”，将它们挡回去。要相信，烦恼都是暂时的，压力总有解决的办法。

◎ 珍惜当下，才能抓住美好的明天

一些人的生活太过热闹，就会产生一种空虚的念头，仿佛自己忘记了生活的本质，过着根本不是自己想要的生活，即使有很多消遣，依然认为生活其实不该如此。但真正的生活究竟是什么样子？他们又说不明白。如果非要说个所以然，思索半晌都会说：“就像当初那个样子”、“就像年轻时那个样子”、“像我想象中那个样子……”

那么，究竟什么是“当初”、“年轻”、“想象”？提炼一下，就是充满热情、想象，对未来充满干劲，而不是整天想着琐碎的烦心事、做着麻木重复的动作、在面对自己厌烦的事。而产生这种厌烦的最重要原因是对明日的失落感，想到今天如此无聊、如此郁闷，明天也不得不如此，突然就会对未来失去兴致。

想要明天更加美好，抱怨今日是没有用的，珍惜今日才是最要紧的事。你想要的明天都在今日孕育，今天你朝气蓬勃，对什么事都积极主动，明天你就可能有所收获，觉得自己朝理想又更迈进一步。明日是目标，如何走，是不是走在想要的方向上却只能看今日，你耽误了多少个今天，就耽误了多少个明天；抓住多少个当下，就抓住多少种可能。

一位青年作家经过几年的积累，发表了很多作品，然后推出了一部长篇小说一炮而红，成了当年最畅销的文学读本之一。他也被突来的巨大成功冲昏了头脑，整天沉浸在他人的夸奖之中，“少年得志”、“不可限量”、“文坛新星”等称呼接踵而来。作家今天接受电台采访，明天参加作品签售，被“粉丝”前呼后拥，好不风光。

一年后，作家突然厌烦了这种生活，因为越来越多的人给他留言，说他的作品不如从前，根本没能超越自己，甚至出现了退步。作家预感如果这种情况继续下去，他的“粉丝”和名气会迅速流失，他说不清自己的心情，只好向一位一直颇受尊敬的老作家请教。

老作家说：“你想一想，用一年的时间写一本自己想要的书，和写出几本书赚了很多版税、得到读者称赞，哪个更让你高兴？”作家思考半晌，回答说：“当然是写书更让我高兴。”“那么你不应该为一时的光环耽误写作，如果不能抓紧时间充实自己，很快你就会被淘汰。”

青年作家听了老作家的话，从此谢绝了一切采访和活动，潜心读书写作。他出的书并不多，但每次出书都能给人带来惊喜，那些曾经不看好他的人也不得不承认，他是个真正的作家。

每个人都明白“珍惜当下”的道理，但人们对“当下”的理解大多有所偏差。例如故事中的青年作家，曾经他认为“当下”就应该是出名的风光、“粉丝”的拥护、出版一本又一本书，等到他发现这种生活并不是自己想要的，才明白真正的“当下”是耕耘、是努力、是杜绝杂念一心一意做自己的事业。人们理解的“当下”是享受，但真正的“当下”应该是付出。

对有心人来说，当下应该包括这些方面：你正在做的事、你所在的环境、你所接触的人。而所谓的“珍惜当下”，就是尽量做好正在做的事、从现在的环境中学习经验、与接触的人友好相处。这些事都值得你去付出，而不是匆匆忙忙地想做更伟大的事、盯着更好的环境、接触更有名的人。要知道你的一切来自当下的回报，而不是不切实际的明天。那么，如何能够认真地接纳当下？

1. 用心体会当下

真正的快乐不是来自对未来的憧憬，而是来自今日的生活，憧憬再美好也是虚的，只有生活才是实实在在的。当下有很多事值得你去体会，例如生活中出现的乐趣与问题、与人相处时的喜怒哀乐、事业上每一次进步和挫折，不论是好是坏，都是你生命历程中的一部分。想要成为一个充实而快乐的人，必须紧紧握住当下。

2. 在当下提炼智慧

人生的智慧来自哪里？答案是当下。今天，你努力学习知识，牢记每一个知识点，举一反三地做了很多习题，还向老师问了一些扩展性问题，看上去只是勤奋好学。但是，明天它也许就变成了试卷上满分的成绩，后天它也许就变成了面试时恰巧询问的考题，大后天也许就成了工作中大家都在挠头的难题。

智慧需要在当下提炼，当下，是一本没有声音的教科书，只要你努力阅读，并且把成功与失败一一记在心里，明日就会成为你高人一筹的资本。

3. 为明日做打算

所有的当下都是为了明天。我们努力地活在当下，为的是能有美好的明天。对一个人来说，一份切实的理想、一份可行的计划和当下的努力一样重要，理想能让人更有面对困难的勇气，计划让人拥有更高的效率。人生不是单行道，但提前确定好方向，减少绕道的时间，可以让你的生命更加轻松。

人生就像一张存折，想要得到明天的财富，今天要做的就是存款，如果透支了今天，明天迎接你的只有赤字和债务。要保证自己的一切都有意义，就要珍惜当下的每分每秒，这样才能向着明天迈出坚实的一步。

◎ 放下过去，自然能静下心来

人们有一种恋旧心理，迷恋过去的成就，当他们通过自己的努力得到了什么，就很难从心理上放下它。对于他们来说，那是对自己能力的一种肯定，是自信的来源，是通向未来的资本，也是自己存在价值的证明。他们如此迷恋这些东西，给这些东西上强加了许多额外意义，于是，成绩不再是成绩，而成了一种迷信。他们固执地认为有了这些，明日依旧可以一帆风顺，却没有发现因为这些东西太过沉重，已经减慢了他们迈向明天的脚步。

对于过去，很多人想要忘记遗憾、忘记伤痛，唯独不想忘记曾经的辉煌，因为那是最足以骄傲的部分。他们越是放不下，越会拿过去与现在做对比，想来想去还是过去好，并为今时不如往日烦恼不已。一路走来，他们对过去的收藏越来越多，把大部分时间用来回味，把小部分时间用来计划将来，他们在将来看不到光亮，却总在过去寻找温暖。

对过去的回忆多了，就会成为负累，负累一旦过多，就会造成心灵的超载。超载的主要表现就是很难心平气和，总是觉得生活像一团乱麻，不明白过去为何那样顺利。其实，过去未必顺利，只是那时候的你清醒而有热情，看到困难不会大惊小怪，遇到烦恼也不会唉声叹气。现在的你遇到烦恼不是源自过去的理智与活力，而是过去的成绩与回忆，从而导致你对现实不能产生有益作用，让自己越来越心烦。

古时候，一个官差去外地办事，半路上，他丢了自己的马匹，只能徒步行走。

第三天，前方出现一条大河，官差暗自叫苦，他急中生智，在附近村民那里借了一柄斧头，砍伐了一些树木扎成木筏，成功地渡过大河。

河的前方是一座大山，官差害怕山那边仍然是河，就把木筏扛在肩膀上。山上的老农问他："你为什么要扛着木筏登山？不觉得累吗？"

官差说了自己的理由，老人大笑说："你是不是傻了？登山者要尽量减轻负重，渡河者才需要舟楫，你怎么能扛这艘木筏？"

"那你说，前边再有大河怎么办？"官差问。

"前边若有河，可以再想渡河的办法，你背着木筏登山，岂不更加耽误时间？"

对于想要渡河的人，一艘木筏就是工具，但对于登山的人，轻装上阵才是最好的选择。不论是背着木筏去登山，还是不用工具就想横渡一条大河，都有些想当然。用一种方法战胜了困难，就以为用这种方法可以战胜一切困难，能够屡试不爽，这种对过去成绩的肯定已经成了迷信，却注定要耽误更多的时间。因为只有将方法用对了才叫方法，否则就是愚蠢。

迷恋过去在半数以上的情况下都会造成人的愚蠢。一个失恋的人如果用过去恋人的标准想找一个一模一样的，一来世界上没有完全相同的人，找到的只有失望；二来就算找到了也不过是过去的替身，说明你一直活在过去，根本没有前进。过去的东西即使再好，也已经过了时效期，不是过时了，就是变质了，总之，都会变成你的负担、你烦恼的根源，只有将那些事放下，你才能静下心做事。那么，你必须放下的属于过去的东西是什么？

1. 过去的成绩

每个人或多或少都得到过一些成绩，但是，过去的成绩不能保证将来你也能获得一样的成绩，如果认为自己已经足够优秀，便开始故步自封，那么，你的头脑就不能容纳新的东西。为过去的成绩沾沾自喜的人，往往是因为现在混得不好，只能怀念过去。只有放下过去，把每一次尝试都当做新的开始，才能每一次都全力以赴。成就青睐那些孜孜以求的努力者，而不是那些整天炫耀曾经的停步者。

2. 过去的经验

当我们寻找失败的原因，会发现有时是因为太过缺少经验，以致不懂得如何应对突来的难题；有时却是因为太过依赖经验，根本没有分析出刚刚出现的新问题。

我们遇到的事情不是从来像加减法那样简单，不是所有问题都能用一加一等于二这种单线思维解决。世界上没有一条实际经验能让你度过所有考验，过去的经验也许是成功的，但那也是你摸索的一部分，不能当做定理使用。一定要牢记经验是死的，人是活的，活人不能被死经验支配。

3. 过去的执念

对于过去的某些美好事物，人们通常会形成一种执念，认为过去的那些就是最好的，再也找不到那么好的东西。基于这一点，看现在的所有东西都是厌烦的，恨不得一切统统消失，一瞬间回到过去，这种执念严重时会影响到人的价值观和人生选择。

对过去的执念，来自对今日的不满。因为现实不合自己的心意，就在脑子里回忆过去的种种美好。其实过去未必有那么好，只是当需要一个避难所逃避现实时，过去无疑是最好的选择。过去的什么都是好的，反正回不去，无法考证，索性在假象中不断美化，变得越来越美，直到成为一种幻想。把现实生活和幻想做比较，心理落差当然越来越大。

对有自控力的人来说，生命的意义不是回忆过去，不论是过去的是成就还是美好。生命的意义在于超越自我，只有那些过不好今天的人，才让自己一直留在过去。当过去已经成为一种负累，不能给你回忆以外的东西，还为你添加了很多烦恼，你应该果断地放下这段过去。人要向前走、往高走，而过去却是从上游流过身旁的河水，如果你总是转过身子看着它，就再也看不到前面的路。

◎ 少一分计较，多一些安宁

在生活中，烦恼大多来自计较。每个人都有自私的一面，想要保护自己的感情不受伤害，保护自己的利益不受侵害，难免会在得失之间多了许多心思，看看自己是否失去了什么，算算自己的付出到底有没有价值，这种心思一旦扩大，烦恼就会接踵而至。

因计较而生的烦恼会扰乱人的心绪，由此衍生出许多不必要的纷争，历史上的八王之乱、党锢之祸皆是如此。倘若每个人在面对得失时能少一些计较，在计较面前能多一份理性，那么很多事情的结果将大有不同。

兰德的父亲文诺是当地一位著名的眼科医生，并且在贫民区建有一家私人诊所，因而很受人们爱戴，其他国家的患者也常常慕名而来。兰德一直把父亲当作自己的榜样，为此努力学习医术。

当地有个著名的富豪，名叫马尔盖。马尔盖家族是世袭勋爵，在当地很有名气。很快，马尔盖也在贫民区创建了一所医院。本来这是件好事，但马尔盖却视文诺的小诊所为眼中钉。因为文诺的医术高超，人们都愿意去他那看病，这就导致了马尔盖的医院没有办法昌盛起来。

这时，有人建议请文诺来马尔盖医院主持眼科，这样就避免了两家的竞争，但马尔盖最后竟以文诺没有文凭而将其拒之门外。文诺气愤之极，竟一病不起，最后抑郁而终。

兰德为此一直对马尔盖怀恨在心。几年后，18 岁的兰德以优异的成绩考进了全国顶级的医学院，毕业之后，他拒绝了马尔盖的邀请，而是接管了父亲的小诊所，与马尔盖的医院对抗起来。

就是在这个小诊所里，兰德发奋研究医理，28 岁就获得了医学博士学位，他的医术更是轰动了整个国家。这样一来，马尔盖的医院又遭受到了排挤。年老的马尔盖见到这幅情景，悔不当初。

偏偏就在这时马尔盖的小女儿约瑟芬得了眼病，所有的医生都束手无策，眼看女儿的视力一天比一天弱，马尔盖只得请求兰德为女儿医治。没想到，兰德不计前嫌，马上为约瑟芬安排了手术。这次手术非常顺利，兰德得到了马尔盖全家人的尊重，为此他的名声变得更大了。最后，他放下仇恨，关了小诊所，做了一名医学院的教授。

在“家仇”面前，兰德选择了不计较过去，及时挽救了马儿盖的女儿约瑟芬，没有让“冤冤相报何时了”的悲剧重演。假如兰德因计较之心而放弃救治约瑟芬，那么我们可以预见将会有更多的悲剧上演。这样看来，计较并不会让一个人得到，反而会让他失去更多。少一些计较，才能看到挣脱原本狭隘的视角，发现计较之外的天空。如此，你的心绪才能更加广博，因计较而乱的心才能安定。那么，在生活中，有哪些事情是不值得我们过多计较的呢？

1. 成败得失

有些人把成败看做人生的唯一意义，他们只在取得胜利的时候高兴，而不断地失败会让他们心灰意冷。他们会不断比较从前和现在的自己，为一点小小的退步自责不已、寝食难安。自我要求高是好事，但太过苛刻地对待自己，就无法感受得到快乐。

2. 个人喜怒

有些人喜欢“讲心情”，心情对了，什么事都是光明的、积极的；心情不对，任何事都是灰暗的、消沉的。绝大多数时候，他们的心情不对，少部分人的心情从来没对过。他们经常说“烦，没心情”，什么事也不想做，而让他们没心情的，常常是一些小事。

会有这种状况是因为他们过分计较个人喜怒，把一个微小的情绪无限扩大，在旁人眼里，他们情绪化，有时还很极端。他们可以为一点儿争执而吵得天翻地覆，也可以为一句恶语哭天抢地，当然，更多的时候，他们只是“好心情全没了”。事实上，这种经不起任何波折，只重情绪不管场合的人，根本不会有什么好心情。

3. 利益

生活中，最常让人担心的是金钱，最常让人烦恼的还是金钱，金钱事关生存，有时候不得不计较。但是，过分计较蝇头小利，就会使自己只看到利益及其有关的东西，慢慢遗忘生活中还有很多无功利的东西，这种心态就是人们常说的“小市民心态”。

整天计较小利的人会把生活弄得琐碎，在他们看来，生活就是大大小小的金钱兑换品和利益关系网。他们甚至忘了已经得到的利益，更不会因它们产生满足，而只会哀叹失去的那一部分，即使那些利益微不足道。

一位大师曾说过这样一句话：“在大自然的世界里，树木因为承受风吹雨打，所以浓荫密布、众鸟栖息；海水因为不辞百川，所以宽广深邃、水族群集。人，也唯有秉持‘不比较，不计较’的胸怀，才能涵容万物，罗致十方。”当计较之心驾驭了人的灵魂时，仇恨与痛苦将会筑起一道高墙，从这一刻起，计较者就为自己判了无期徒刑。计较是人灵魂的监牢，把心放宽一些，忘记计较，不随便比较，扰乱心绪的事物就少一些，烦乱也就离得更远一些。

◎ 常常反思，是什么让你如此烦恼忧愁

对待难题，懂得思考、寻找改正方法就是一种自控力，而追根溯源是解决事情的必要步骤。当我们重新思索烦恼的问题，不妨问一问究竟是什么让自己如此烦恼？有没有可能找到烦恼的根源？有没有可能避免这种烦恼？当人们冷静思考过后，发现烦恼大多来自生活中的小事，很少有人能完全淡然，遇到不愉快，烦恼情绪会自然而然地涌出来，克制也许是可能的，但那浮光一现的烦恼感依然挥之不去。

懂得了烦恼的根源，我们不妨另辟道路，解决不了根源问题，我们就要

找另一个与烦恼对抗的根源，这就是快乐的根源。有自控力的人不会整天唉声叹气，他们知道如何调节自己、寻找快乐，人心的大小有限，装的快乐太多，烦恼自然就不能再起主导作用。同样的心灵，为什么一定要装入烦恼？不如多想想那些让自己快乐的事。

快乐是内心的一种明朗而乐观的状态，它的主要表现当然是笑声。如果幽默能在生活中时时处处发挥作用，那么我们的烦恼就会减少一大半。即使小小的幽默，也会缓解我们焦躁郁闷的心情，让我们觉得生活有很多快乐，即使是烦恼本身，虽无可奈何，也有其荒谬可笑、值得乐观看待的一面。肯这样想的人，看到烦恼自然而然就会生出调侃心态，让烦恼不再成为烦恼，至少不再让自己不胜其扰。

社区开了一家心理诊所，附近几个小区的居民起初不明白这个诊所为什么存在，大家的精神状况都很正常，谁需要去看心理医生？渐渐地，进诊所的人多了起来，多数人感觉自己处于失眠焦虑状态，想找专业的医生开点药。还有人心中总是充满烦恼，想跟医生倾诉，听听他的意见。医生对病人们说："世界上有一种病叫'烦恼症'，烦恼主要是心境方面的原因，没有药能解决，只能调整自己的心理状态。"

针对社区多数居民的烦恼状况，医生提出了一种"快乐疗法"，这个疗法分两步，首先要搞清楚自己为什么烦恼，是工作压力还是家庭压力？正视它并想办法解决它，然后多多接触快乐的事，例如看幽默的节目、常常参加集体活动、拓展自己的业余爱好，这些事都能起到很好的调节作用，让人心情开朗。经过医生的努力，越来越多的居民开始正视自己的烦恼，主动寻开心、找乐子，社区里的欢笑声越来越多。

现代社会，人们生活得越来越烦，多数人为生活忙碌，却忙得顾不上生活。生活需要笑声，生活在愉快氛围中的人才会拥有开朗积极的心态。倘若一个人早上睁开眼就是柴米油盐，晚上闭上眼还在想工作进度，他的生活本就已经紧绷到了极点，如果没有欢乐的笑声作为舒缓，他以什么抚慰自己疲惫的身心？

据科学家研究表明，在自然界中，人类与动物的最大区别就是人类具有丰富的表情，其实，笑是最重要的一种。可是，如果你愿意走上大街看看，就会发现满大街的行人没有几个带着笑脸，多数都是麻木的、疲惫的、厌倦的，甚至你自己也是如此。究竟是什么原因使你不再想笑起来？让你不想笑的烦恼有哪些？多想一想，有助于问题的解决。

1. 给烦恼列一个清单，详细分类

把自己的烦恼详细地写在纸上，能想到什么就写什么，然后按照烦恼程度分为“大”、“小”两类。先看小烦恼部分，你会发现你每天都在为公车会不会晚点、超市会不会打折之类的事浪费时间和脑筋。对于这一类的烦恼，你应该尽量告诉自己顺其自然，因为还有许多大烦恼在等着你。

再看大烦恼，多数是与事业、感情、未来人生有关，只抽出最紧急的部分集中解决，对剩下的部分，用每一天的努力来提高自己，如此一来，自然而然也就会解决。通过给烦恼列清单，你会发现大部分烦恼其实根本不用为之烦恼。

2. 清除负面能量

过多的烦恼累积在我们的心灵中，造成了心灵负担过重，诸如抑郁、消沉、自卑、迷茫等情绪不断累积、相互作用，遇到烦恼时变得更加严重。长此以往，这些情绪就变成了心灵上的负面能量，有了强大的影响力：具体表现之一就是让你常常觉得做什么事都没意思、没意义；具体表现之二是你的脸看上去很疲惫，即使笑起来也觉得自己假。

心灵的负面能量累积过多，甚至还会形成心理疾病，所以要时时加以清理，防患于未然。多接触那些积极向上的人、令你开怀大笑的事、多与人交流，也要注意休闲，如此，阴霾会逐步远离你，崭新的生活状态会让你焕发生机。

3. 理性生活，告诉自己平心静气

当现代生活让人疲倦、厌烦，我们需要的是更多的冷静、更多的理智才能分析烦恼、解除痛苦、把握快乐。理性的最主要表现是烦恼出现的时候，我们知道那是必然，要泰然处之；困难出现的时候，我们首先会想办法解决，而不是抱怨；不良情绪出现的时候，我们想到的是立刻去调节，而不是听之任之。

此外，只要我们足够努力，对待不如意的生活所产生的负面情绪，一切的烦恼抑郁、悔恨愤怒、自卑消沉，都会被成功时的开阔兴奋、自豪积极所取代。人生的意义不是被烦恼折磨，而是在烦恼中超脱，追求真正的自我，建立真正的成就。

有自控力的人不会认为生活给自己的东西太少，在思维上，他们有应对烦恼的智慧；在心理上，他们有接受烦恼的开阔；在行动上，他们有战胜烦恼的能力。他们珍惜生活，所以愿意平心静气地对待烦恼、思考未来。当别人在为烦恼焦头烂额时，他们已经淡定地处理掉了烦恼，继续平稳地走在自己规划的人生中，不骄不躁、胸有成竹。

第 7 章
【痛】到断肠能忍得过

人生最大的难关不是身处困境，而是心灵上的痛苦。每个人都有忍受痛苦的经历，但不是每个人都有战胜痛苦的能力。痛苦的阴影无孔不入，折磨你却让你无可奈何，坚强的人咬着牙默默支撑，软弱的人对痛苦举起白旗，痛苦却不会放过他们。

◎ 痛苦往往源于太固执

很多人都在痛苦，为了痛苦失眠压抑、自暴自弃，看不到生活的乐趣。导致痛苦产生的原因千差万别，那么导致痛苦产生的根本原因究竟是什么？如果我们仔细思考，就会发现每一段痛苦都对应着一份执念，痛苦的感觉大多不是来自于外界，而是内心对自己的暗示，对那些自己期待过、拥有过的东西，人们放不下，也不愿意放下，痛苦产生的根本原因就是人们对某件事物的执著。

人们的执著也分几个类别，有人为自己的理想执著，一旦理想不能实现，他们就会失魂落魄，完全失去生存动力；有人为情感执著，一旦想要的感情不能属于自己，就会长时间沉浸在苦闷中，不得解脱；有人为意外打击执著，无法相信事实，不愿接受事实，只能被事实压得喘不过气……太过执著造成的痛苦，不论旁人如何劝解，也不能释然，只能让这痛苦一直拖着，只因心中不能放下某个理想、某段情感、某个让自己伤心的事实。

想要修炼自控力，需要摒弃不必要的偏执。佛家说，有慧根的人都懂得放下执念。在生活中，有自控力的人也懂得变通，不会对痛苦念念不忘，变成死心眼。有自控力的人做事有一个基础，就是接受事实，不论这事实是痛苦的还是不幸的，他们相信未来可以改变，也就愿意放弃自己的执著，一切为明天着想，这种心理变通能力使他们不会被一时一事压垮，而是把目光放到最长远处。

有这样一则故事。

小玉考托福又失败了。

她已经不知道自己失败了多少次。从大学开始，她就想要出国留学，但每次都卡在托福成绩上。为此，小玉白天黑夜拼命背诵单词和例句，图书馆里每天都有小玉做卷子的身影。可是，辛勤的耕耘并没有换来预期的收获，也许小玉天生就不适合学外语，每一次都过不了分数线。毕业后，她曾经参加过学习班，但还是不能改变失败的状况。

小玉为此感到十分痛苦，她不明白为什么别人考得很轻松，自己如此努力却一直过不了线。小玉的导师听说这件事后特意打电话给她，说："从大学的时候我就发现你并不适合出国学习，你对外国的语言有隔阂，但是，你的专业成绩非常好，在国内也会有好的发展，不要因为太执著而丢掉了更好的机会。"

小玉思考导师的话，仔细想想，大学四年，毕业一年，她除了学习就是为出国努力，但她的专业在国内更容易有发展，为什么自己一定要去国外？如果她不是这么想出国，她也会像其他同学那样找到前景好的工作，不会像现在这么不如意。想通了的小玉决定暂时放下考托福，先去找工作。没想到，工作一年后的小玉不但顺利通过了托福考试，还得到了一个公司外派的名额，她没想到自己放开了之后，成功会自己找过来。

痛苦源自执著，幸福始于解脱。故事中的小玉把自己从旧的思维中解脱出来，迎接她的是接踵而来的机会，这让她惊喜不已。其实生活就像这个故事，觉得自己没有机会、没有运气，是因为我们把自己限定在一个区域内，根本不去看其他的东西。世界这么大，如果非要站在不适合自己的角落里，难怪收获的只有痛苦，而那个适合自己的角落也许就在离自己不远的地方，等待你去发现。

痛苦的人“放不开”，懂得放弃的人，才能有新的机会。就像一个装满的背包，你把它放满令自己痛苦的东西，拿什么装快乐呢？如果觉得肩头负担太重，不妨考虑将背包里的东西一次性倒掉，寻找新的东西装进去。心灵也像这个背包，常常清理那些让自己痛苦的东西，学会放弃那些不切实际的执著，就会发现生命别有洞天。那么，如何转换思维、放下执念？

1. 换个目标

我们的目光常常锁定在已有的目标上，身边的东西即使金光闪闪，也很难吸引我们的注意，并且还会为这样的自己自豪，认为自己不被诱惑所动。可是，你有没有仔细想过也许那个目标才是诱惑？因为它是你放不下又得不到的东西。

如果明知道自己得不到，不如放下心中的不甘，干脆换一个目标，你怎么知道其他目标不如已知的这个？也许比你想要的好上一百倍，也许你得到后才会发现自己因为错误目标而耽误了很多时间。

2. 换条道路

有些人喜欢用直线思维，认定一条路就不想更改，因为改弦更张难免有毅力不够的嫌疑。但是，成功靠的不只是毅力，还有观察力和随机应变的能力，明知前方是死胡同，还要去撞一撞南墙，这不叫毅力，这叫傻。

面对痛苦也是如此，如果有一条路让你痛苦不堪，你就应该迅速地走另一条路，柳暗花明，也许你便走到了新的天地。即使走不到新天地，至少告别了令你悲伤的过去。

3. 尝试更多可能

人是主观动物，总是觉得自己执著的事物就是最好的，什么也比不了。谁也不能否认你想的是对的，不过，当你执著的事物不属于你，你是不是应该去试试其他事物，找一个更好的？生命有无限种可能，在死亡到来之前，你无法断定究竟什么东西能让你最幸福，至少你不应该和让你痛苦的事物一直纠缠不休。

有自控力的人也会执著，可以说，他们执著起来，往往有一种“不达目的誓不罢休”的劲头，但是，他们的执著是在慎重思考之后的选择，而不是对不属于自己的事物的过度留恋。换句话说，你应该执著的不是过去，而是未来。

◎ 珍惜已有的幸福

自控力的着眼点究竟是什么？理智客观地提炼过去？步步为营地计划未来？不对，自控力最重要的着眼点是踏踏实实地珍惜当下。可惜在生活中，我们常常看到这样的一种人：他们看上去事业有成、家庭美满、一切顺利，谁都觉得他们的生活应该很幸福，但他们却总是露出不如意的表情，好像心中有极大的不满。当有人对他们说出羡慕的话，他们的表情更加微妙，半是痛苦半是无奈。也许喝醉酒的时候，他们会向朋友吐露几句真心话，原来，他们心中有一段放不下的过去，这让他们总是不能满足于现在的生活，总是想着当初如果有另一种选择的话，生活是不是更美好？

可是，即使他们得到了重新选择的机会，真的就会得到比现在更美好的生活吗？每一种生活都有不圆满的地方，选择其中一种，就意味着放弃另一种。如果始终留恋曾经的错过，想着“可能”，现在的生活即使美满，也成了“鸡肋”，可以想见未来也会持续这种“鸡肋”状态，即使现实再好也不知满足，事实上这是一种病态心理。

注重当下是每个人应该具备的意识，如果当下的生活是幸福的，更应该加倍珍惜。要知道多少人想得到这样的生活却还在奋斗，你得到了却视为“鸡肋”，这不但是对自己努力的不尊重，也是对身边人的不尊重。要想想你现在的生活不只有你自己，还有亲人、朋友、爱人的无私奉献，你因为自己的某个执念忽视他们的付出，这是一种不惜福的表现。一旦有一天他们不在了，你才会了解自己失去的远远比幻想中的那些东西要珍贵得多。

双双从小就学习小提琴，她一直想要做个音乐家，在很小的时候，她就主动放弃了美好的童年生活，把时间用在一次次的练习上。可是，音乐需要天分，双双虽然也获过一些奖，老师们却说她不会有太大的发展，最多考个师范院校的音乐专业，今后当个音乐老师。

父母对双双没有太高的要求，他们觉得当个轻松又能赚钱的音乐老师很不错，何况双双是个品学兼优的好学生，她还有很多其他选择。高考前，双双也想报一所好的音乐学校，却发现自己想进的学校高手如云，根本没希望。她的文化课成绩非常高，也不想考一所一般的学校。最后，双双放弃了音乐，进入一所重点大学。

从此，双双心里总有说不出的遗憾，尽管她顺利毕业，找到了好工作，建立了美满的家庭，但想到童年时候的梦想，她还是会觉得心痛。丈夫知道这件事后安慰她说：“虽然你没能成为音乐家，但你学过的音乐还在，你应该珍惜它。”

从那一天开始，双双又拿起了小提琴，每天都花一个小时沉浸在音乐世界中，让自己平心静气。她还和小区里的几个音乐爱好者组成了一个小小的“交响乐团”，在公园里演出。她发现自己并没有被音乐抛弃，相反，她享受着音乐带来的幸福。

痛苦来自对过去的执著，换句话说，痛苦在于遗忘了已有的幸福。就像故事中的双双，她太想当个音乐家，当愿望落空时，她甚至忘记了音乐带给自己的快乐。太过盲目地痛苦，会让人只看重结果，而忘记过程中得到的东西，这是很多人的遗憾。如果他们愿意理智地分析自己的痛苦，会发现尽管结果不尽如人意，还是有一些东西让自己终生受益。

有自控力的人都会从痛苦中受益，并加倍珍惜手中拥有的幸福，因为他们知道，人生的过程往往苦多于甜，能够把握的幸福并不多，不能让痛苦霸占幸福的空间。而且，只有抓住幸福，才能把痛苦看淡，才能真正学会忍耐和选择。即使人生有再多的风雨，也不能带走内心宝贵的幸福。那么，如何保持内心的“幸福感”?

1. 避免抱怨

对当下生活的抱怨是人们忽视幸福的重要原因，抱怨直接造成了人们的诸多痛苦。在抱怨的前提下，一切事情都是不顺利的、不能让人满意的，甚至都是痛苦的源泉。

避免对人对事的抱怨，能在很大限度上避免痛苦的产生。对人对事有所求，最后没达到目的才会痛苦，如果对人对事抱有平常心，充分理解他人的能力和事情的发展，就不会事事苛求，自然也不会有痛苦产生。

2. 避免懒惰

人一旦对生活产生某种惰性，也就对生活失去了探索的兴趣，不论这种懒惰的对象是自己的工作，还是对身边人的热情，抑或是对周围事物的好奇心，你懒洋洋地不再理会它们，它们在你眼中也就成了一堆打蔫的白菜，根本没有乐趣可言。

想要提高幸福感就要保持对人对事的热情与勤勉，多与它们接触，多发掘它们的内涵，你总能发现惊喜，而不是日复一日的厌倦。

3. 避免贪婪

平心而论，生活给了我们诸多痛苦，但也给了我们很多重要的东西，例如某些方面的才能、某些重要的人、某些愉快的经历，以及我们最宝贵的生命。一个人如果懂得知足，他会觉得自己的生命很丰富，并因为这种丰富产生幸福感。心灵一旦被贪婪占据，就再也不会满足于当下的生活。有自控力的人有理想、有目标，却不贪婪，他们把握着实实在在的幸福，为着幸福逐步添砖加瓦，而不是吃着碗里的惦记着锅里的，始终放不下贪心。

总之，少一分对痛苦和失去的埋怨，就会多一分快乐的可能。幸福有时候并不在于你追求着什么，而在于你珍惜了自己已经拥有的东西，并且充分认识到它的价值，唯有如此，你才会懂得什么是真正的充实和快乐。

◎ 坚持力让你在痛苦中重生

当人们陷入痛苦之中无法自拔时，都会希望自己突然获得某种神奇的力量，这种力量能让自己度过煎熬，变得强大，战胜自己害怕的事物，成为一个更加优秀的人。也就是说，痛苦中的人都渴望重生，他们想要得到一种全新的生活，做出一种全新的选择，而不是一味被痛苦追赶，没有对抗的能力，也没有逃避的可能。

其实，每个人身上都具备在痛苦中重生的力量，这就是坚持力。坚持力，能够使人战胜痛苦、超越自我。当一个人在痛苦之中，心中填满无可名状的悲愤与酸楚，但还没有放弃对未来的希望，这个时候他必须忍耐环境施加给他的种种压力，才能一步步重新开始。重生需要一个过程，过程的每一个环节都可能困难重重，但结果会告诉我们：坚持是有价值的。

有自控力的人最懂坚持的分量，他们认为克服痛苦是一个“愚公移山”式的过程，一点一点地搬运那些对自己不利的东西，然后开拓出一条自己心目中的道路，即使旁人嘲笑自己，也不放弃这份信念。所以，有自控力的人也会被人说成“傻”，这种傻，不是真的冥顽不灵，而是脚踏实地的奋斗。或者说，有自控力的人都有“傻”的一面，他们不当只会投机取巧的聪明人，该聪明的时候他们比谁都睿智，该“傻”的时候他们可以比任何人更“傻”。

古代有一个剑客，年纪轻轻就打败了无数高手，美名传遍江湖。可是，这个剑客性格轻狂，常常惹是生非。有一次，他在山间寺庙前戏弄一个小和尚。他与小和尚比武，逼小和尚使出所有招式，逐一破解，逐一嘲笑，并把小和尚的门派贬得一无是处。小和尚十分气恼，无奈技不如人。此后，剑客常常对人提起小和尚，不断挖苦他。

小和尚决定勤修武艺，以期有朝一日报仇雪耻。他身边的人知道这件事后，都说他白日做梦。在众人的笑话中，小和尚日复一日地练剑，他相信功夫不负有心人，有一天他一定能和剑客一决胜负。

小和尚一练就是十年，他终于有信心去找剑客比武，而剑客早就忘记了他，仍和他比画起来。剑客没想到一个相貌平平、没有任何名气的和尚竟然能和他打成平手。他恭敬地请和尚饮茶，称赞他的剑术，这时和尚才知道，经过十年的坚持和磨砺，他已经成为顶级高手。

故事里的小和尚一日受辱，十年辛苦，最后一朝成名。世界上没有过不去的事，随着历练的增加，每个人都可以在痛苦中重生，成为让人刮目相看的人。这时候，也许我们会回过头感谢自己受到的痛苦，如果没有这份痛苦，没有因痛苦而生的斗志，也许我们仍是普普通通的人。所以，当痛苦到来的时候，不要仅仅将它看作一种劫难，它同样可以是一种考验、一种机会，看你如何度过、会不会把握。

有些事必须理智地放弃，例如无法改变的过去，例如目标过高的理想；但有些事却绝对不能放弃，例如自己的尊严与信念。面对痛苦，有自控力的人告诉自己要坚持住，不能放弃，否则自己只能度过平庸懦弱的一生。那么，在痛苦中如何保持自己的坚持力？

1. 不断激励自己

在奋斗与磨砺的过程中，自我激励是克服痛苦的法宝，要不断对自己强调“我是优秀的”，以此产生积极的心理暗示，即使遇到挫折也不会轻易放弃，而是以更顽强的斗志去挑战。

激励自己应该是一个持续不断的过程，每个人的自信都来自不间断地激励，可以拿出过去的成绩鼓励自己，也可以把他人对自己的正面评价贴在自己床头，总之，一切能够激发自信的东西不妨都拿来一用，这会极大缓解失意和失败带来的痛苦。

2. 要有一个大目标

理想往往能够产生巨大的推动力，促使人奋发图强。想要战胜痛苦，要在心理上给自己一个目标，使自己的努力有一个中心、一个凝聚点，让自己所做的事归于一个统一的目的，不会分散精力。当一个人懂得专注做事的时候，往往能发掘出从前没有发现的能力，激发那些潜在的实力，让自己和身边的人大吃一惊。

3. 不断提醒自己与他人的差距

对抗痛苦是一个漫长的过程，在这个过程中，我们也会有机会获得一些小成绩，这个时候千万不要掉以轻心，要想想自己离目标有多远，看看自己和他人的差距，有时候甚至可以自己打击一下自己的自信，以免得意忘形，因小失大。

在痛苦面前，烦恼和挣扎没有意义，只有一边经受着痛苦的侵袭，一边付诸行动改变这种情况，才能真正解脱自己，让自己重生。当你一次次面对痛苦，一次次坚持下来的时候，你已经积累了雄厚的资本，还有日渐增多的勇气，有一天你会知道，一切痛苦都有价值，一切坚持都有意义，人生并不只有挫折，还有成功时的喜悦、到达终点时的自豪。

◎ 对人对己，不妨说点儿善意的谎言

对于重感情的人来说，痛苦一旦产生，影响就会极为深远，想要治愈心灵的创伤并不是一朝一夕的事，这个时候，我们需要进行自我安慰，甚至需要说一些谎言来安慰自己。就像手术时的麻醉剂，它并不能加速伤口的愈合，却能够暂时减缓我们的痛苦，让我们度过最痛的时候，并给我们一个疗伤的缓冲期，让痛苦看起来更容易被接受。

而且，人皆有恻隐之心，有时候，让我们痛苦的不只是自己的经历，看着他人正在遭遇不幸，我们也会感同身受。这个时候，我们也会说一些善意的谎言来抚慰他人的焦虑。说谎不是好习惯，但在某些时候，说谎是必要的，

甚至是必需的，如果你知道真相能带来的后果，也就明白谎言的重要，例如，一个医生大多不会对绝症患者直接说“你快要死了”，而会说“你正在慢慢康复”。这样说减轻了患者的心理负担，让他在希望中度过生命最后的旅途，而不是在绝望中等待死亡的到来。

懂得什么时候该说真话、什么时候该说假话是一种控制能力。有些假话不是为了欺骗，而是为了给他人带来希望。对人对己都应该抱有一种仁慈和宽容的心态，不必整天让真相逼迫自己和他人，用善意的谎言营造一个过渡时期，到真相大白的那一天，杀伤力就不再那么大，现实也不再难以接受。谎言的出发点是善意的，就会产生某些正面意义。

美国短篇小说家欧·亨利曾写过这样一个故事。

秋天的时候，一个女孩得了重病，她觉得自己很快就要死去，当她看到窗外的树被秋风吹得抖落一地的树叶，就对旁人说：“我的生命就像这棵树上的叶子，一旦落光，我也会随之消失。”医生说，女孩的病想要好起来，需要坚强的意志，但女孩现在却灰心丧气。

一个老画家听说这件事，就趁着天黑在树后的墙上画了一片叶子。一天晚上下起了大雨，所有的叶子都被风雨打落，绝望的女孩推开窗子，却看到还有一片叶子。她被叶子的生命力所憾动，重新燃起了生的渴望，而后竟顺利恢复了健康。后来她才知道，叶子是老画家为了鼓励她特意画上的，这个谎言挽救了她的生命。

不得不承认，谎言有时比真话更能振奋人心，这个时候，谁也不会拒绝谎言。再退一步讲，那些“一切都会好起来”之类的安慰，何尝不是一种谎言？说它的人心里想的往往是“糟透了”、“没救了”，但是，这种话说出来只会让他人的境况雪上加霜，这个时候，你是说真话还是撒谎？只要自己心态是端正的，就不要在乎一时的真假。

不要认为知道真相的人会埋怨自己，也许他们会失落，但他们会察觉到谎言背后的良苦用心，即使事实终究让他们痛苦，他们仍会感激有一个人曾为他们殚精竭虑，并看到有人一直在支持自己、爱护自己。那么，什么时候适合讲善意的谎言？如何讲善意的谎言？

1. 安慰他人的时候

当你觉得事情很糟糕，但当事人的情况不适合知道事实的时候，你可以选择隐瞒或部分隐瞒；当他人显然因某件事陷入痛苦，你可以淡化事情的影响，让他想想好的可能，即使你自己知道完全没可能；当他人对即将到来的灾难产生预感，你可以一方面安慰他没有那么糟，另一方面给他分析即使事情发生，也有多种应对方法，让他不那么恐慌……对那些无能为力的事，你说一句善意的谎言，并不能帮他人解决问题，但却让他人暂时放松了心态，冷静下来开始思考。不论如何，你的谎言都给了他人一个渡过困难的机会。

2. 礼貌和客套

在某些场合，为了保持礼貌和客气，你必须说出违心的话。例如，办公室的同事穿了一件新衣服，询问大家的意见，即使你认为这件衣服土气，根本不适合对方，也不能直截了当地扫对方的面子，而要选择一些模糊的话来应付，例如“不错”、“很好”、“看着我也想买一件”，等等。不是每个人都愿意假惺惺，或者有意奉承他人，而是这种谎话实际上包含了对他人喜好的尊重。否则，大家都很直白，说话犀利起来，生活就会变得剑拔弩张、争执不休。

3. 善意的谎言需要合情理

谎言不只是一句话那么简单，特别是想要安慰对方的谎言，更要动动脑筋，让这句话看起来合情合理，不会引人怀疑。不要说那种一眼就被拆穿的谎言，那完全没有说服力，只会让对方想到更糟的方面。尽量结合对方的性格、实际情况编一句谎言，让它看上去能说服大多数人，包括当事人，还要记住要和其他当事人保持一致，不要出现你刚说了一句安慰话，就有人把真相说出来这种情况。

对有自控能力的人来说，说谎从来不是目的，目的是安慰自己、安慰他人，对人对己，都应该有一种“半真半假”的心态。其实即使你不说，真相早晚也会大白，但如果真相是一盆冷水，你为什么要趁别人兴致勃勃的时候泼上去？要相信在善良的前提下，一切都会有转机。

◎ 爱护自己，渡过痛苦和失意

有人陷入痛苦中不能自拔，就有人懂得如何在痛苦中疗伤。在生活中，我们不难发现那种“自愈能力”很强的人，他们经受着巨大的打击，却能举重若轻，像往常一样工作、休闲，不是他们什么也不在乎，而是他们更懂得以什么样的状态对抗痛苦、战胜痛苦。什么样的人能够安然度过痛苦？答案是那些真正懂得爱自己的人。

对待痛苦，要有一种自我保护意识，不能让痛苦把自己憋死。痛苦也是人生的考验之一，你为它奉献的时间和心力越少，你渡过考验的时间也会跟着缩短。当然，人们很难忘记痛苦，爱护自己的人也不是健忘症患者，他们能做的是尽量减少痛苦对生活的影响，让自己的心态不因痛苦发生扭曲，做出让自己更加后悔的事。他们用这种方法抵抗痛苦，比起自暴自弃，自我保护才是对待痛苦的上上之策。

关爱自己是修炼自控力的重要内容，也是每个人生命的核心部分，让自己的眼睛向前看。要珍惜生命，懂得未来的重要。事情已经发生，痛苦已经存在，继续把自己放在苦水中，就是把伤口扩大、把失败扩大，还不如尽快认清事实，振作精神，把痛苦当作一个不无裨益的经验。痛苦可长可短、可小可大，关键是你够不够坚强。

一个从小失去手臂的孩子很羡慕长跑选手，他常常对人说："以后我要当一个长跑选手，参加奥运会！"听到这些话的人看着他空荡荡的袖子，同情地摇头。

没想到这个孩子的决心非常坚定，他要求父母替他报名参加残疾人运动会。比赛前，他每天都坚持练习，琢磨如何让自己跑得更快。后来他在一次比赛中拿到了第一名，并因此进入市里的残疾人体育队。邻居们都很佩服这个孩子，经常拿他做榜样激励自家的孩子说："不论遇到什么困难都要坚强一点，你看，××是个残疾人，却从来没有放弃自己，你这样一个健康的人怎么能不努力？"

这个孩子听到这件事后说："坚强是每个人都应该有的品质，就算没有残疾，也可能遇到其他困难，度不过困难的人，才是真正的残疾人。"

那些身残志坚的人常常给我们很多启迪，一方面让我们叹息命运不公，另一方面又让我们看到毅力带来的成功。就像故事中的孩子，没有人相信他会成为一个运动员，他能够相信的也只有自己。不间断地努力，不放弃信念，就是他给自己的最大关爱。面对痛苦，如果自己选择了放弃和屈服，那么命运就只能维持在痛苦中，永远没有超脱的机会。

关爱自我的人向往超越自我，他们更愿意把痛苦当做撑竿跳的跳杆，靠它的助力一跃而起，越过那些常人无法超越的障碍。如果没有最初那个起跳的意愿，一切都是空想，而那个起跳的意愿就是来自对自己的关爱：为什么要放弃？为什么要接受现实？难道我不能克服眼前的困难吗？我差在哪里？这些疑问只要能用努力加以回答，都会给自己满意的答复。那么，我们如何学会关爱自己？

1. 要形成自己的思想

一个人想要拥有坚强的意志，首先要有坚定的思想。每个人都应该在生活中、在学习中形成属于自己的思想，它的基点应该是自强与自立，其中，你需要来自书本的知识、来自社会的经验，还要听取他人的意见及时修改自己的错误。

有自己的思想，最大的好处就是遇事不易动摇，不会轻易迷信他人的建议，造成摇摆不定。有自己思想的人对自己选择的道路能够坚持，也愿意坚持，即使中途出现了痛苦和打击，他们也会在这痛苦中学习如何克服。总之，思想指导行动，有坚定的思想，才有坚定的行动。

2. 要培养自己的能力

一个人仅有坚定的思想是不够的，还要有实际上的、克服痛苦的能力。这种能力既包括事业上的，也包括生活上的，甚至包括心理上的。能力的累积不能一蹴而就，而要有目的地训练，有选择地学习，还要迎难而上地锻炼自己。

痛苦最能锻炼一个人的能力，困境也最能激发一个人的潜力。当你面对压力时，不妨转换思维，把困难当做提高自己的机会；当你习惯了在压力中成长，你的能力也会一天比一天提高，直到成功为止。

3. 要有自己的快乐方法

人生有数不清的失意和痛苦，相应地，每个人都应该有自己调整心态的方法，如何在逆境中保持乐观、如何在痛苦中寻找快乐，都可以帮你抵御压力、寻找转机，重新获得生活的动力与热情。可以说，有自己的快乐方法，就有自己的避风港，在任何时候都能保持一颗开朗的心，应付那些突发状况。

当你不快乐的时候，你要做的是寻找那些令你快乐的事，这就是最简单的自我爱护和自我保护。想要修炼自控力也不妨从关爱自己开始做起，学着聪明，学着自我保护，学着趋利避害，学着让自己适应痛苦，在痛苦中有所收获，不要让痛苦过多地影响你的心情，而要让困境最大限度地磨炼你的心志。同时，要懂得自我放松，不论是休闲娱乐还是找人倾诉，只要能缓解压力的方法都可以试一试。当你学会了关心自己，你会发现人生中的很多事都不那么复杂，痛苦的原因也会一目了然，这时候，你会更理智地放手，更轻松地选择。

◎ 要坚信，只要你肯，一切都会过去

当我们痛苦的时候，常常希望那些拥有丰富人生经验的老人们能够开导我们，他们的开导或简洁、或长篇大论，最后都会变成这样一句话："要相信，一切都会过去。"是的，我们生命中的一切，无论喜怒哀乐都会成为过去，痛苦也是如此，只是它比其他情绪更加长久，也更加难熬，它给我们的感觉往往不是"能过去"，而是"过不去"。

痛苦对于人生有什么样的意义，完全由我们的行动来决定，你战胜了痛苦，超越了自我，取得了成就，痛苦对你来说就是一笔财富，你对它充满感激；你被痛苦压倒，一蹶不振，再也不能翻身，在失意中活上一辈子，痛苦就成了你不幸的源泉，你对它由衷地痛恨。其实这一切都是出于你的选择，

痛苦的境遇只是诸多境遇的一种，你没选择努力，而是选择了放弃，怎么能责怪它呢？真正该责怪的是你自己。

自控力的核心是什么？对现实的正确评估与对自我的不懈坚持相结合，最直接的表现就是坚定的信念。特别是在面对痛苦的时候，信念是最重要的，它能够支撑起一个人的心灵，让他相信一切都会过去。只要坚持住，总有看到曙光的一天，在那之前，你不能先倒在黑暗里。也许有人认为战胜痛苦只是少数人的事，其实，绝大多数的人都在与痛苦对抗，能在小处战胜痛苦的人，在大处也一样，只需要再加把劲。

老郑白手起家开了一家工厂，在过去的十几年，他很风光，生意做得很大。但从去年开始，他没能挡住同行们的恶意竞争，宣告破产。这一天，他看着空荡荡的厂房，想到自己一生的事业就这样付诸东流，心头一阵悲凉，他简直想要走上最高的楼结束自己的一生。这时候，一个清洁工走进厂房，老郑问："厂子今天已经倒闭了，你为什么还要干活？"

"因为我的工资拿到今天，所以我要把今天的活干完。"清洁工说着开始打扫。

老郑注视着这个清洁工，动情地说："我记得你，我刚开厂子的时候聘请你当这里的清洁工，我真失败，现在所有的机器都被拉去抵债，什么都没有了。"

清洁工说："是啊，当年我应聘的时候，这里只是一间空房，后来有了各种各样的机器。"

"是啊，当年这里也什么都没有。"说到这儿，老郑突然想开了，当年的自己也曾经一无所有，不就是靠着自己的头脑和勤劳一点一点成就了事业？为什么不可以再来一次？

“我相信这里今后还会有很多机器，到时候欢迎你来这里应聘。”老郑郑重地对清洁工说。

在清洁工的眼里，一无所有是过去，老板的成就是过去，老板的失败也会成为过去。受这种达观心态的影响，破产的老郑重新恢复了斗志与自信。有时候鼓起勇气只是一瞬间的事，不需要太多理由，只需要一个信念。痛苦不能将有理想的人压倒，他们看到的是未来，而不是即将成为过去的现在，即使现在，他们失败了、消沉了，也不代表日后仍然失败消沉。

面对痛苦，可以用自己的努力改变心态、改变环境，信念不只是一个想法，而要经得起现实的打击和考验。信念可以简单，但要有足够的力度和强度，帮你对抗压力。“一切都会过去”就是一个无比现实也无比实用的信念，它既有哲学上的意义，又能指导你的行动，让你相信痛苦总有解脱的一天。那么如何让一切成为过去？

1. 接受现实

不论是痛苦还是失败，已经存在的事你不能更改，不要徒劳地想要回到过去，也不要总是幻想过去的种种可能，接受现实是你唯一能做的，也是你必须做的。

接受现实的过程是艰难的，但一旦接受，心理上就会产生一种“痛苦抗体”，让自己接受痛苦的能力越变越强，能够经受更多的打击，还需要接受的是人生就是一个不断对抗打击的过程，如此，你才不会因那些突如其来的痛苦陷入绝望。

2. 肯定自我

在面对痛苦的时候，你要相信自己、肯定自己。要相信自己有克服痛苦的能力，要相信自己已经拥有的幸福，要相信你生活中的一切事物，还有对未来的希望。

懂得肯定自我才能拥有平静的心态，因为知道自己能够经受什么、如何克服困难，一切虽然有混乱，却还在掌握之中，这是对生命的强大自信，有这种自信的人，在任何时候都不会失态，他们能够牢牢地把握着自己的人生。

3. 保持达观

人生无法预测，面对那些不可知的痛苦，保持达观是最好的应对心态。要知道每个人都会经历痛苦，也要相信痛苦之后还会有欢乐。万事万物都有两面性，看得开的人才能过得好。达观，让人能在痛苦中忍耐，在幸福中自省，时刻保持清醒和积极。

有自控力的人会把自己的痛苦与成功统统放在过去。把痛苦放在过去，告诉自己那都是昨天的事，明天的太阳依然是新的，就能恢复自信；把成功放在过去，告诉自己那些是曾经的辉煌，不代表明天还能持续，就能保持谦虚谨慎。一切都会过去，但当一切成为过去时，你留下的是痛苦的回忆，还是苦尽甘来的自豪感，都在于你现在的选择、现在的坚持。

第 8 章
【情】到心迷能站得稳

真挚的爱情是每个人内心的渴望，在人生道路上能有一个贴心的伴侣，就有一个人能够和自己一起承担风雨，分享喜乐。但是，不是每段爱情都有结果，也不是每段爱情都会完美无缺，如果进入婚姻，就要面对更多的问题。想要维持爱情的长久，就要考虑得长远。

◎ 不合适的爱情，再美丽也不会有结果

漫漫人生路上，美丽的爱情是生命中最重要的一部分，奇妙的缘分让远隔千里、素不相识的人成为相伴一生的伴侣，共同分享喜怒哀乐，艰难时做彼此的臂膀，这种亲近、依赖很难用语言表述。不过，并不是每个人都有机会遇到恰恰好的另一半，即使再动人的爱情故事，如果主角双方在人生观、价值观、个性取向、生活目标方面存在过大的差异，也无法有完美的结局。爱情是美好的，但不是所有爱情都美好。

爱情让人心醉，让人失去理智。不过，爱情也需要自控力，需要计划。

举几个最简单的例子：你想不想始终吸引你的另一半？你想不想与另一半有个稳定的未来？你想不想让你付出的一切真正地感动对方，让对方真正认识你、接受你？如果答案是肯定的，那么你需要修炼爱情自控力。

修炼爱情自控力的第一步，就是要认清什么样的爱情最适合自己、什么样的爱情能够天长地久？相应地，那些不适合自己、明知道是一场悲剧的爱情，你即使仍要尝试，也要保证自己能够承担它带来的结果。事实上，它不会有伤心和伤害之外的结果。

科学家曾经进行过这样一个实验：他们饲养了一群白鸽，平日让它们生活在宽敞的庭院中，白鸽们随时随地都能在蓝天上飞翔。过了一段时间，科学家们把白鸽关进一间大房子，房子四面是墙，只有一面是透明的玻璃，鸽子们为了得到自由，争先恐后地向着玻璃飞去，它们每每被高硬度的玻璃撞得眼冒金星。

科学家们认为不久之后白鸽们就会另想办法，因为，在玻璃旁有一道虚掩的门，不费什么力气就能撞开。没想到这些鸽子从来没有注意这道门，只盯着玻璃外的亮光，不断地飞过去，然后撞伤自己。即使如此，它们也没有想过改变一下自己的思路，对它们来说，玻璃后的蓝天有太大的诱惑力，让它们不愿意放弃努力。

天涯何处无芳草，何必单恋一枝花？就像实验中的白鸽，换一条路径就能得到自由，死脑筋只能把自己撞得鼻青脸肿，为什么不能承认自己错了，去追求更对的人呢？迷恋这种状态一旦产生就很难解脱，但是，未来的人生还很长，你真的愿意一辈子单恋一个人，看着对方幸福、自己默默付出地过日子吗？相信绝大多数的人不会选择当这样的情圣。

有头脑的人明白什么样的爱情最适合自己，那个人应该是能够激发自己的热情，让自己迷恋；还应该适合一起生活，共同搭建自己的小家庭；最好还是贴心的伴侣，让自己在任何时候都不觉得孤单……感情并非完全利己，但是，如果不能让自己得到满足，那么早晚会觉得意难平，不如一开始就找一个最合适的。那么，如何判断你的爱情是否合适？

1. 二人是否有共同语言

共同语言既包括共同的兴趣爱好，也包括共同的生活目标。爱情的结果一般都是步入婚姻的殿堂，要想想几十年的时间，如果你们既没有可以交谈的话题，又没有共同奋斗的目标，那会是多么无聊的一种状态？或者说，你们到底为了什么而结合？难道是为了对方出色的长相或者成绩？这些外在的东西都不能保证爱情的长久，真正决定爱情的，是灵魂的吸引。

2. 对方身上是否有你不能忍受的缺点

不要高估自己的忍耐力，也不要高估他人的承受力，相爱固然没有什么理由，没有什么条件，但如果对方身上真有你完全无法忍受，又不能更改的缺点，你真的能保证自己忍耐几十年？比如你是一个大方的人，最受不了吝啬贪财，你的另一半如果整天为几毛钱的菜和你算计，你真的受得了这种生活？对那些你根本无法忍受的缺点，还是赶快说再见为妙。

3. 二人的条件差距是否过大

古时候的婚姻讲究门当户对，这不是没有道理的。试想两个人家室相当，受到的教育相当，接触的人差不多，自然会形成相似的人生观，就算没有感情基础，也更容易理解、欣赏对方，更容易和睦相处。相反，如果两个人差距过大，不论这差距是人生观上的、家庭上的、经历上的，还是性格上的，都需要谨慎对待，因为差距导致差异，差异导致无法理解沟通，很容易成为矛盾。在恋爱时，必须客观地认识到这种差距，并仔细思考究竟能不能弥补。

4. 你是否想要改变对方

恋爱的时候，恋人一方发现了另一方的缺点，或者另一方身上有让自己无法忍耐的地方，会安慰自己说："今后可以慢慢改变。"不知多少人有这样的心思，并为此努力，绝大多数的人都会发现，想要改变几乎是不可能的。对方的个性由很多年的时间积累形成，怎么可能在一朝一夕之间发生更改呢？改变并非不可能，但如果你无法尊重、接受对方现在的样子，你不过是在谈一场没有结果的恋爱。

5. 看看对方如何对待别人

爱情的开始也许是一见钟情的心动，但爱情会变成生活，另一半也会成为生活中最重要的伴侣。这时候，应该看看对方如何对待身边的人，包括亲人、朋友、同事……如果对方是一个懂得感恩也懂得付出的人，自然也不会对你太差；如果对方只为自己考虑，对他人的贡献总是挑三拣四，即使现在迷恋你，以后也不会对你有多好。

谈恋爱需要用脑子，需要避开那些不合适的对象，选择最适合自己的另一半。当你们有共同的追求、相互体谅的个性、和谐的相处方式，才能算是相配的一对，你也才能从这段关系中领悟真正的爱情，享受美满的生活。

◎ 覆水难收，情到伤心处再迷恋也是枉然

关于爱情，人们曾有很多著名论断，其中之一就是：得不到的永远是最好的。特别是谈了很长时间的恋爱，一旦分手，那份失落感就会铺天盖地，而且在自己心目中，对方的形象会越来越高大，越来越完美，谁也无法与之相比，眼睛里也看不到其他人，被这种迷恋折磨，不断对别人说："我失去了最好的一个。"

那么，得不到的真的就是最好的吗，还是因为你太过遗憾，导致了一种幻觉？大多数人想到自己付出的心血和努力，越觉得没有得到回报，就越放不下这

段爱情，到最后，他们也不明白自己留恋的究竟是某个人，还是曾经的努力和感觉。这个问题说不清楚，但有个事实是清楚的：感情已经结束，迷恋也是枉然。

覆水难收，理智的人都懂得这个道理。过去的感情让自己形成了惯性的依赖，突然失去对方，觉得天塌地陷，可是伤心不能挽回对方。何况，两个人的分手一定有不可调和的原因，即使挽回，裂痕已经产生，双方仍旧不可调和，一段时间过后，又会出现第二次分手。死灰不能复燃，逝去的爱情也不能重来。

大学四年，小美与男友相识相恋，度过了一段甜蜜浪漫的时光。

临近毕业的时候，就像每一对“毕业那天说分手”的情侣一样，他们遇到了实际问题，男友要按照家里的要求回去当公务员，小美却希望留在大城市继续发展。再三商量后，两个人发现谁也不能放弃自己的事业，只能放弃爱情。

男友离开后，小美迅速开始消瘦，白天的时候，她是朝气蓬勃的白领；晚上则以泪洗面，反复回忆她与前男友共度的那些日子，越想越觉得放手太可惜。可是，她也不愿放下大都市的繁华，去一个小县城过平淡无奇的一生。她也曾疯狂地找过那个男孩，可是男孩更换了所有的联系方式，像是人间蒸发了一般。

小美的情绪一天比一天低落，久久地徘徊在事业与爱情中，无法抉择。直到有一天，老同学告诉她男孩已经结婚，这个消息非但没有让小美走出迷恋，反倒让她更深陷在痛苦中，她不断想如果自己肯放下现在的工作，新娘是不是就是自己？直到有一天，她因为精神委靡耽误了工作，被上司叫去谈话，她才发现自己为了一段早已放弃的爱情忽略了太多东西。

爱情是心理上的一种感觉、一种需要，一旦消失就很难追回，看不开的人最容易为情所伤。故事中的小美就是一个痴人，她为了一段自己放弃的感情以泪洗面，这是典型的优柔寡断，既然如此留恋，当时就不该放弃；已经放弃，还婆婆妈妈，这不就是为难自己？而且为了一段失去的感情耽误现在的生活，也是一种不明智。

一定要想想，认识对方之前，你的生命就没有其他亮点和快乐吗？失去对方你就失去了生命的全部吗？如果答案是肯定的，那么对方值得你放弃一切去追回。但在绝大多数时候，答案都是否定的，你需要的是合适的疗伤方式，将过去当做美好的回忆，开始一段新的生活。那么，如何“拔慧剑斩情丝”？

1. 好聚好散，不要为难他人

感情是美好的，却并不一定会长久，当对方明确地表示这段感情不合适，或者自己另有所爱，你又何必强求？不合适是因为不愿意与对方磨合，换言之，感情不够深；另有所爱是因为有了更好的选择，换言之，移情别恋。这时候你就没必要留恋对方，甚至没必要为难对方，好聚好散，也不枉费大家相识、付出一场。

2. 给自己一段独处的时间

分手后你需要的是冷静，还要重新面对孤单的生活，这个时候需要一段独处的时间，仔细想想这段感情的得与失，也许你会产生一种释怀的心态。独处还可以让你换个心情，暂时忘记失恋的苦闷，计划一下自己的未来。人生不会因一段感情的结束而结束，它应该有坚强独立的内蕴与魄力。

3. 不要迅速开始新恋情

有些人克服不了失恋的伤痛，他们会迅速开展一段新恋情，以填补自己的“空巢期”，用新的热情弥补旧的伤害。其实，这并不是一种明智的做法，首先它对新恋人不公平，其次你在这段新的感情中投入的不是爱恋，而是渴望得到一种心理上的补偿。迅速开始的新恋情就像受伤时用的创可贴，虽然一时缓解了疼痛，却无法治愈。想要高质量的爱情，还是要等到彻底告别旧伤痛之后。

4. 用其他事来填满自己的时间

失恋的感觉是强烈的，是一种无法摆脱的精神痛苦。这个时候，干脆用大量的工作麻痹自己，让自己忙得没时间去想失恋这回事，让自己累得根本忘记爱情的感觉。如果你愿意用其他事将自己的时间填满，过上一两个月，你会发现伤口早已麻痹，虽然还觉得疼，却不再那么撕心裂肺。而且通过一段时间的劳累，你会发现生命中还有很多事等待你去完成，不能为了一段感情就放弃全部人生。

得不到的也许是好的，但那终究成为一种过去，不用费尽心思去挽回，因为强求来的东西终不会让你称心如意，不如潇洒地放开手。此情可待成追忆，只是当时已惘然，惘然过后，你还要面对漫长的人生，打起精神，你会遇到更适合你的人。

◎ 过度的爱，有时是种伤害

用情较深的人，常常希望自己能够给对方无微不至的关怀和保护，特别是那些聪明、理性、做什么事都很优秀的人，总是希望另一半听从自己的意思，按照自己的计划行事，他们有信心让生活变得美好，只要对方配合，但是，他们发现对方往往不那么愿意配合。因为对方不是小孩子，每件事都替对方做好，会让对方觉得困惑无力。

当一个人为另一个人付出太多，这种爱就变成了另一个人的负担，而且感受不到在这段关系中自己付出了什么，越来越没有存在感。这时候，爱就变成了一种伤害，如果付出的人还在不停地说："你看看我为你做了这么多事。"另一个人就更会觉得承受不起，想要结束这样一段失衡的关系。

有自控力的人会用理智的态度对待自己的爱人，就因为深爱对方，才会更加尊重对方的个性，维护对方的空间，让对方自由发展，而不是给对方一个脚镣，让对方按照自己的意思行事。他们希望给对方提供一个遮风挡雨的地方，而不是把对方关在园子里豢养。想要维持相爱双方的平等，首先要保证对方发现自我、相信自我，而不是没有自我。

一位牧师路过一个花园，见花园里鸟语花香，一派春日祥和的景致。牧师正在享受漫步的悠闲，突然听到一棵高大的树上传来一阵哀鸣，举头看去，是一窝小鸟因害怕而啼叫。

“这么小的鸟却放在这么高的树上，难怪会害怕。”牧师想，他不忍听到小鸟的叫声，就拿了梯子，把鸟窝放在低一些的树枝上。

第二天，牧师依然路过花园，又听到小鸟的啼叫，于是牧师又将鸟窝放低了一些。如此几天，小鸟终于心满意足，发出欢悦的声音，牧师终于能够放下心了。

没过多久，牧师又一次路过花园，却听不到鸟儿的声音，只看到低矮树枝间空荡荡的鸟巢和散落的羽毛，原来，鸟巢放得太低，小鸟都被附近的野猫叼走了。牧师顿时明白，自己对小鸟的帮助致使最后杀死了它们，他懊悔不已。

这个故事是一个关于爱的寓言，旨在告诉人们太多的爱会成为害，不论是父母对子女、前辈对后辈，还是爱人对另一半，没有节制的包办式的爱，都会让对方无法独立。也许你爱一个人，很希望给对方一种很多的爱，让对方离开你就活不下去，但这其实是一种自私的想法，因为你不曾想过有一天你不在了，对方如何生存？你无法保证对方的周全，只能在日常生活中锻炼对方，让对方有自己的能力、自己的事业、自己的朋友圈，这样才是真正为对方着想，才是真正的保护与关爱。

真正的爱是一种责任，既有保护的责任，又有督促的责任。当你爱一个人，对方应该因你的帮助变得比以前更好，而不是渐渐失去自我，成为一个附庸，完全没有个性。这样的一个人，渐渐也会对你失去吸引力。那么，如何判断你给的爱是否过度？

1. 是否过于包办，干涉到对方的兴趣爱好

两个人的关系需要互相让步妥协，有时候为了使一个人高兴，另一个人难免委屈。如果有一天，对方突然跟你说："我决定分手，我受不了你的干涉。"这说明你对对方的干涉已经超过了对方的底线，并且相信对方并不是因为一件事提出分手，而是多次事件的累积。

每个人都有自己的兴趣所在，那是生命乐趣的一部分，无法由他人决定。你觉得音乐能够给人带来最多的快乐，对方偏偏喜欢画画，这个时候你不能逼迫对方放弃绘画。你逼迫的即使不是大事，但这种霸道的态度也会让对方的不满逐渐扩大，最终导致两个人关系的崩溃。

2. 是否过于不均衡，变成对方的压力

情感的付出是相互的，应该注意均衡。一旦一方只懂得付出，另一方只懂得接受，这段感情就会出现问题，或者是付出的一方累了，或者接受的一方厌倦了。只有彼此付出、彼此接受，才能保证一种感恩与爱护的双重心态，这种心态正是爱的土壤。你可以不计较付出，但不要让对方觉得他（她）什么都不用做，要让对方察觉你的需要，这才是一段稳定的关系。

3. 是否耽误了自己的正常生活

爱情的前提是保证自我，而不是失去自我。爱情需要现实基础，也需要个性基础，保证自我的独立、坚强是维持爱情的重要步骤。如果对对方的付出严重地干扰了你的正常生活，不但让对方不自在，也让你失去了往日的步调，这时候就可以判断自己是爱得过度了。试着调整自己的生活重心，做到兼顾和统筹，才是维持生活与爱情的两全其美的方法。

爱情常常让人们有这样一种觉悟：无论付出多少都觉得不够。但是，爱

不可过度，用最理智的态度对待自己的爱人，是对爱情最好的呵护。不必什么事都按照对方的想法进行，也不必强求对方同意自己的每一个观点，爱情如果也能把握合适的“度”，才能真正不变、长久。

◎ 放下过去，切忌盲目比较

在爱情之中，人们愿意放下一切算计，变得坦诚直白。但是，恋爱中的男女感情一天比一天深厚，越来越在乎对方，总是想知道对方过去的恋人是什么样的人、他们的相处模式是什么样、那个人是不是比自己好、另一半是不是会留恋那个人、他们分手的原因究竟是什么……

如果恋人如实回答，就会产生更多的问题，诸如“既然那么好，你为什么还跟我”、“你觉得我好还是他（她）好”、“你是不是还想着那个人啊”，等等。如果对方不想回答，自己就会在脑子里想到最坏的答案，然后自我折磨。比来比去，情绪就会越来越阴沉不定，两个人的矛盾也会增加。有时候心里也知道这种比较没有意义，但想到另一半的过去，就觉得不能释怀。

殊不知，这种比较对现在的爱人是最不公平的，因为每个人对待爱情的方式都不同，你事先设定了标准，就是逼迫对方按照你的标准谈恋爱，不但会让对方不自在，也会让你觉得处处不满意，因为谁也不可能按照模板克隆，你只能得到失望。如果这种情绪已经影响了你们的关系，建议你赶快把自控力找回来，不然，你的恋爱不会有圆满的结果。

一个论坛的网友正在讨论一张帖子，发帖人是一个经常泡在论坛的讨人喜爱的小姑娘，她为人热情，喜欢摄影，每次贴出的风景照都能给人带来美的享受。熟悉她的人都知道她今年24岁，已经工作三年，最近交了一个不错的男朋友。

女孩的帖子如下：

“和男朋友交往已经有半年了，曾经交过两个男朋友，因各种原因分手。与这个男朋友一年前在活动中认识，追求我大约半年时间。他的条件很好，在一起后也很细心体贴。但是，他总是追问我过去的事，比如追问我过去的男朋友是什么条件，听说其中一个家境不错，就会不停地问为什么分手，如果现在让我重新选，我会选择谁……他总是问这样的问题，让我不知道怎么回答，大家说我该怎么办?”

网友们纷纷建议她开诚布公地与男友谈谈，如果还是改不了比较的习惯，只能考虑分手。女孩犹豫了很久，终于和男朋友谈了一次话，男朋友表示他愿意放下过去。没想到一个月后二人发生口角，男孩故态复萌，又开始说：“你以前的男朋友难道就能让着你吗?”女孩仔细思考良久，觉得如果一辈子都生活在男友的计较和比较中，人生太过痛苦，她决定和他分手。

每个人都有过去，如果对方没有蓄意欺骗，你在接受对方的时候，就已经接受了对方的过去。你不可能将一个人的过去完全割舍。这个时候，有自控力的人似乎更能看开一些，因为他们知道比起过去，最重要的是现在和将来，过去即使再好，要和对方生活一辈子的人是你，对方选择的也是你。何况，记忆里的一切往往更加美好，以现实中的自己和幻想中的过去做比较，怎么看都是自己吃亏。而且，比较除了伤害两个人的默契与感情，起不了其他正面作用，不如不比。

在两个人的关系中，与其计较对方的过去，不如努力让对方有更好的现在，如此一来，你们才能真正地忘记过去。与其怀念过去的爱情，不如加倍珍惜现在，才能使自己有更多的充实感和幸福感。该结束的早就结束，开始的就应该崭新。那么，如何放下爱人的过去？

1. 要知道过去的爱造就了现在的他（她）

恋爱分析师说，人们应该对恋人之前的另一半心存感激，因为谈过恋爱的人往往比初次恋爱的人更体贴、更包容、更尊重对方的存在，这份心态是因为前一段感情的磨合，甚至是不停歇地争吵才换来的。过去的爱造就了对方此时的恋爱心态。

如果你的爱人曾经有过恋爱对象，那段恋爱就是他（她）人生经验的一部分，很大程度上影响了现在的他（她）。如果你愿意细心琢磨，可以了解这段爱情的前因后果，然后更加了解另一半的个性和禁忌。但是，如果没有这份心胸，建议将爱人的过去搁置，不要去接触，把对方当做一个“第一次恋爱”的人，因为对方想获得的也是一次崭新的恋爱。

2. 对自己更有自信

总是拿自己和对方过去的恋人比较，是对自己的不自信；总是拿对方和自己过去的恋人比较，是因为对自己的眼光不自信。如果你不相信自己在对方眼中是最好的，对方是自己遇到的最好的，你们的感情基础就称不上牢固。不必在对方的过去身上找自信，要相信自己做得够好，还会做得更好，这才是使对方走出过去的根本条件。

3. 如果太过在乎，就要果断分手

如果你发现自己完全无法接受对方有过去，或者对方完全无法接受你的过去，你们每天的日子就是在互相询问、互相比较中度过，不要抱着“今后会好”这种幻想，因为今后不是把比较放在心里，产生忌妒、自卑等情绪，严重干扰生活；就是找一个没有过去的人，弥补自己的“感情损失”。恋爱双方如果斤斤计较到某种程度，忽略了相爱这个事实，他们不能克服的不只是过去，还可能是未来的很多问题，这个时候，果断分手才是最理想的选择。不必苦了谁、害了谁，如果真的有缘，想通之后还会在一起，否则没必要互相伤害。

多数人寻找另一半不可能一蹴而就，往往会经过一次或者几次失败的经验，才找到了最合适的人。一个对感情负责的人必然对对方有一定的宽容，而不是为自己回不到的过去求全责备。两个人相处，最重要的是活在当下，而不是对过去斤斤计较。

◎ 爱情不能当饭吃，步入婚姻要谨慎

有一首歌这样唱道："相爱总是简单，相处太难。"相处，是普天下正在恋爱的男女面对的难题，当爱情以婚姻为前提，相处就成了双方必须解决的难题，甚至是当务之急。步入婚姻首先要考虑的是爱情，是双方的个性是否合适、能否尽心维持一段感情，让它有始有终，这是婚姻的基础，必须谨慎对待。

爱情是两个人心灵上的共鸣，但婚姻却有双重意义，它既包括浪漫的一面：相爱的两个人从此白头偕老；又包括现实的一面：婚姻，不只是两个人的结合，还包括两种经济体、两个家庭、两段社会关系……婚姻不是儿戏，必须将方方面面的困难提前考虑，才能保证婚后生活的和谐美满，否则，就要面对层出不穷的婚姻问题，直到前方出现红灯。

爱情需要冲动与激情，是本能；婚姻却需要头脑和计划，是控制。不能简单地认为有爱情就能解决一切。有自控力的人在爱情上认真，在婚姻上聪明，不会被一时的激情冲昏头脑，他们要将二人可能面对的困难一一分析到位，事先协调，达成共识。这样一来，即使问题真的出现了，两个人也会很有默契地按照之前商定的方法迅速解决，不留下隔阂。

于珊一直自诩单身主义，抱定不结婚的念头，经常给她的朋友讲述结婚的坏处：没有自由、婆媳关系、经济问题、孩子问题……但是，当她遇到同样一直单身的谭立，这种观念立刻发生了改变，他们都认为对方是自己一直在等的人，认识不到三个月，他们便迅速注册结婚。

“闪婚”后的日子并不好过，柴米油盐的生活迅速消磨了浪漫和激情，于珊和谭立很快发现彼此身上不能忍受的部分。虽然都是些生活琐事，但每天的大吵小吵也让他们疲惫不堪。例如，于珊喜欢吃中式饭菜，而海归的谭立喜欢吃西餐，每天早上必备面包和咖啡，两个人会为中餐、西餐哪个更有营养争论不休。类似的争论存在于生活的各个方面，两个人个性要强，谁也不愿意服输，在日复一日的争论中，终于决定离婚。

在上述事例中，一段闪电式的爱情以闪电式的方式结束。在恋爱的时候，谁也不认为自己的婚姻会以离婚告终，人们习惯性地相信对方、相信自己、相信来之不易的感情。一旦接触到琐碎复杂的现实生活，人们又会习惯性地纵容自己、苛求对方，抱怨各方面都不如意的生活。故事中的于珊与谭立日复一日地为相处问题争论，其实他们的个性差异在结婚前并不是没有端倪，可是他们被感情冲昏了头脑，来不及辨别发现，也来不及思考。

婚姻是人生大事，一段美满的婚姻将会使人的生活质量大大提高。在心态上能够得到稳定感，建立责任感；在情感上有了依靠感、信任感；在经济上虽然多了压力，但也有了归属感和目标感。每个步入婚姻的人都想要美满的婚姻，但美满的婚姻需要结婚前的计划和筹谋，而不是婚后一点一点地修补，所以，步入婚姻必须谨慎，应该从以下方面考虑两人能否步入婚姻：

1. 经济基础

爱情是风花雪月，婚姻是柴米油盐，步入婚姻的最现实问题是衣食住行，而衣食住行的基础是金钱。虽然这很俗气，但却是最现实的问题，解决不了，再美好的感情也会变成空中楼阁。没有人能在吃不饱肚子的时候谈情说爱，除非他们不在乎未来。

想要结婚，首先要衡量双方的经济基础，两个人是否能够负担未来的住房、生活、育儿等费用？两个人以什么形式共同支配未来的财产？两个人各自的爱好花销应该如何分配？是否存在不对等？……这些都是双方必须考虑的问题，否则它们会始终困扰着婚姻，成为一道挥之不去的阴影。

2. 二人的脾气能否磨合

每个人都有自己的脾气，而且，脾气这种东西很难改变，即使改变也是需要很长时间的，这就需要两个人达成共识：愿不愿意与对方磨合？在遇到问题时，愿不愿意退一步，体谅对方？两个人究竟存不存在原则分歧，根本无法调和?

当谈恋爱变为过日子，多数人都会发现自己身边的似乎不是当初那个人，很多小缺点、小毛病一一浮出水面，让人失望灰心，这就是婚姻对爱情的最大考验。如果你愿意容忍对方的小缺点，下定决心与对方磨合，你会发现对方的个性其实从来没有变过，只是你了解得更深刻，从某种意义上来说，如果你愿意接受，就是爱情的深化。

3. 双方家长、亲友的意见

爱情是两个人的事，婚姻需要涉及两段社会关系。两个人的相爱未必得到所有人的赞同，即使得到了所有人赞同，在生活中也难免遇到摩擦和纷争，这时候，如何摆正双方亲友的关系，就是一个让人头疼的问题。

如果不能体谅对方的亲友，总是提各种意见，甚至发牢骚，对方基于护短心理，自然也不会体谅你的亲友，甚至连同对你的感情也一天天冷却。亲友虽然重要，但毕竟是你们生活之外的人，没必要因为他们惹对方不快，不如泰然处之，以礼待之，对方自然会感激你的体贴，你们的生活也会更和谐美满。

对结婚抱有谨慎心态的人，才能收获圆满的婚姻。激情不能解决实际生活中的问题，爱情不能当饭吃，只有将方方面面的问题考虑清楚然后再步上红毯，婚姻才能长久。

◎ 在事业与感情中找一个平衡点

对一个成年人来说，人生有两个基点：一个是事业，另一个是感情。缺少事业，一个人无法确立自己的价值，会觉得自己无用，在另一半面前也觉得抬不起头，长期下去还会有很强的危机意识，担心自己成为另一半的负担；缺少感情，事业做得再大也没有最亲密的人分享喜悦，总觉得人生不够完整，年纪越大，越觉得自己形单影只，没有情感上的归属感。

但是，当一个人开始谈恋爱、步入婚姻后，常常发现事业与感情出现矛盾。特别是现代人，每日生活忙忙碌碌，心情时常焦躁，没有多少时间去经营感情，导致现代社会的婚姻很像家庭旅馆，两个成员行色匆匆、疲于奔命。在这种情况下，感情越来越可有可无，没有精心维护的感情就像没有肥料的花，病快快地生长，总有一天会枯萎。

对有控制力的人来说，事业和感情不是天平的两端，而是一个综合体。感情是事业的“后勤基地”，事业是感情的物质保障，他们能在感情与事业中寻找一个平衡点，让家人理解自己的事业，愿意成为后盾；也不会无限制地忙于工作，忽略家人的感受。面对两个同样重要的东西，比较毫无意义，最重要的是协调，这样生命才能平衡，不会出现偏差。

自从交了女朋友，张志的生活有了很大改变，用钱钟书的小说《围城》中的话说，就像驴子突然有了赶驴子的人。女朋友各方面都很优秀，但有一个缺点：太爱管着张志。张志想要换一个工资低一些发展机会却更好的工作时，女朋友会反复讲述做工作应该稳重，不应该总想着跳槽。张志知道，女朋友不同意的原因是新工作出差次数太多，二人离得太远。

张志是个有事业心的人，他希望自己能心无旁骛地工作，给家人和女朋友幸福稳定的生活，而女朋友却总是抱怨张志不够体贴，整天只想着工作。张志希望自己的另一半也是个重视事业的人，而女朋友却把家庭当做全部，甚至想辞掉现在这份前途好但忙碌的工作，找一个轻松稳定的公司，以便有更多的时间过二人世界。张志反复和女朋友分析现代社会的压力，却发现他和女朋友根本无法沟通。

常言道，一个成功的男人背后都有一个默默付出的女人。由此可见，另一半是否愿意支持，是事业成功的重要部分。随着男女分工差异的缩小，默默付出的人不再局限于家庭妇女。不过，任何一方的成功需要的都是对方的体谅和支持，像故事中的张志的女朋友，就显然是在拖后腿，现在是一个只会限制对方发展的女朋友，今后也不会成为贤内助。

感情可以是心灵的全部，但不是生活的全部。付出与体谅应该是双方的事，尊重自己的事业，也要尊重对方的事业，这就需要两个人互相体谅，寻找出最好的途径，兼顾家庭与个人发展。否则，只会出现恋爱因现实压力分手；婚姻因两地分隔解体。家庭与事业之间并不是没有平衡点，以下就是一些简单的“平衡方法”：

1. 把家庭装在心里

现代社会生存压力巨大，想要做出一番成就，需要做出很大牺牲，其中就包括对爱情、家庭的注意力的削减。即使你的爱人能够体谅你，你也要用实际行动表示你的心里有家庭，每天都不要忘记和你的家人联系感情，即使时间很短，也好过什么都不做。

不但自己要知道，也要对家人表达清楚，争取得到家人的理解。在事业上有了什么变动，也要和家人商量，让他们参与其中，成为你事业的一部分，这样他们才能真正放下心里的小芥蒂，切实地为你的事业着想。

2. 合理安排自己的时间

当人一心扑在事业上的时候，恨不得一天有 48 小时，恨不得世界上其他东西统统消失，只有工作。这也是现代人可悲的习惯之一。工作狂虽然容易取得成就，支付的却是自己的时间与健康，如果没有一定的时间维系感情、休整身心，早晚有一天会发现自己的生命里只剩下工作，再无其他东西。

重视工作的人要特别注意合理安排时间，可以把休闲与和家人团聚合二为一，既照顾了家人的情绪，也舒缓了工作的压力，保证自己得到足够的休息，一举多得。如果事先商定的休闲活动被突来的工作打断，也要表达自己的歉意。

3. 别把工作带回家里

劳碌了一天，你身心疲惫，这个时候你应该把和工作有关的一切统统留在自己的公司，以轻松的心态回到家中享受天伦之乐。工作中的情绪更不应该带回家里，或者在工作中遇到不快，也不能拿家人当出气筒。将心比心，你劳累一天回家后，想不想看到自己的爱人板着一张脸，在你们的客厅继续加班?

事业与感情能否平衡，关键在于你愿意付出多少努力。即使工作再忙，你辛苦一点，打个电话多一句问候，就能让爱人理解你的苦心，只要坚持下去，你们会找到最合适的相处模式。还有，在某些时候、某种场合，事业和感情的确有轻重之别，但在任何时候都不要为了其中一个而完全放弃另一个。

第 9 章
【财】到眼前能看得淡

以小财积大富是一种能力，视大富为小财是一种自控力。钱财是身外之物，财到眼前若能看淡，人的精力就不会长久被身外之物占据。现代人对待财富应遵循“古老习惯+现代思维”，牢记君子爱财取之有道、用之有度、理之有方。

◎ 钱有百万，难买幸福一点

社会学家调查，人们生活的 70%以上的烦恼都和金钱有关。人生在世，金钱是所有人无法回避的问题，李白有一句诗 1000 多年来一直让人大呼豪爽：“千金散尽还复来。”但是，在现代生活中，千金散尽的气概不是每个人都有的，千金散尽还能“还复来”的能力，更不是人人具备。更多的时候，人们需要量入为出，需要计划着生活。

现代生活生存压力大，直接导致人们觉得事事都需要金钱，时时都需要金钱，这就造成了很多人的错觉：金钱万能。但是，即使拜金的人也不得不承认，金钱能够买来很多东西，但有些东西花多少钱都买不来，例如健康、感情、愉悦的心情，换言之，金钱买不来幸福，因为幸福是心灵层面的东西，与物质关系不大。

一个人在金钱上也需要有自控力，并且要把这种自控力提到最重要的位置。精打细算也好，锱铢必较也罢，任何人都要清楚金钱的重要性，对金钱有清醒的认识，而且还要有相应的控制力，有自控力的人知道金钱是生命中的重要部分，也是生存的重要手段，但他们对金钱只有一个概念：工具。他们不会把工具当做生活的全部，也不会被工具奴役，成了工具的工具。这也就让他们在金钱与生活的冲突中一直偏向于后者，也就不会造成下面的悲剧。

史密斯与戈登是商场上的老对头，最近，他们同时累倒，被家人送进了疗养院。这家疗养院坐落在山水秀美的瑞士，他们没想到会在这里看到老对头。

看着对方憔悴的面容，他们都有些感慨，静下心交谈的次数越来越多。他们渐渐发现，两个人的生活有很多相似之处。例如，他们的家庭看似幸福，却有很多裂痕，不但与妻子儿女感情冷淡，就连朋友也没有几个，他们每天都在为生意忙碌，直到失去健康。

有时候他们也会谈论自己还能活多少年，不约而同地对过去的几十年感到遗憾。他们发觉除了商场上的成就，他们的人生中竟然没有其他称得上“幸福”的东西，他们的生活似乎被金钱绑架，从未属于自己。通过将近半年的治疗，两位老人的健康有了好转，他们同时将自己的生意交给后代，决定用剩余的生命尽情享受生活。

据说造物主创造人类的时候，创造了三种：第一种人说生命全部要用来劳作，第二种人说生命就该都拿来享乐，第三种人认为应该用一半时间赚钱，一半时间享受，第三种人得到了造物主的称赞。故事中的两位老板功成名就，唯独缺少人生的幸福，这一点足以抵消他们的所有成就，成为他们人生最大的遗憾。多少人走在这条路上却没有察觉，直到累倒才后悔莫及。

金钱不是生活的全部，即使谁也离不开它。如何对待金钱最考验一个人的情商。把金钱当做工具的人，人生即使不那么富裕，心灵上却富足安乐；把金钱当唯一追求的人，不得不为金钱抛弃生命中其他重要东西，直到只剩金钱，然后发现自己的幸福感还不如一个一无所有的人。人生难免顾此失彼，所以才要注意平衡，在金钱与心灵之间，要注意如下平衡：

1. 摆正金钱在生活中的位置

视金钱如粪土说起来豪迈，但没有人能真正离开金钱生活。金钱，始终应该摆在生活的重要位置，谋生，也应该是生活的重心。有了好的物质基础，才能涉及其他。但是，重心不是一切，你可以为工作安排你的时间，不代表你要为了工作挤压所有的休闲。不能为了追逐金钱放弃一切，而要注意劳逸结合，甚至以逸待劳。

2. 赚钱和花钱都需要计划

金钱很重要，每个人都要学会赚钱，不论是一份稳定、有发展潜力的工作，还是一份持久、有升值空间的投资，会赚钱的人能够维持个人生活的平稳，也能保证各项支出，而不会因金钱委屈自己。

赚钱重要，如何花钱也很重要。有些懂得计划的人，能够做到节省与享受相结合，收入不高，生活看上去很富足。而那些完全没有经济头脑的人，即使赚了很多钱，也总是出现赤字甚至不得不借债。做什么事都需要计划，不论赚钱还是花钱，都要有一个可行的计划表，把支出与收入核算清楚，才能保证自己始终是金钱的主人。

3. 明白幸福与金钱的关系

金钱是幸福的基础，但不是全部，有时候没有金钱，你照样可以幸福，但没有幸福，再多的金钱也无法给你满足。明白了这一点，也就明白了它们的主次位置。当你手中的金钱足够维持生活时，没有必要为一点小利疲于奔命。现在透支自己的健康，将来需要用更多的金钱去弥补，甚至有了金钱也无法弥补。

幸福是心灵上的感受，享受事业上的进取、生活中的快乐都是幸福。但是，如果事业上的进取变为无止境地追求金钱，生活中的快乐变为不间断地高额消费，即使有幸福感，也是扭曲的，会渐渐变为空虚。将金钱看淡，重视生活的本质，这点更重要。

◎ 缺少金钱不能成为不幸的理由

现代社会，每天都有人为缺钱烦恼。缺钱带来的麻烦直观而让人烦躁：也许是只剩一件的衣服，也许是突然需要的支出，也许是一个好的投资机会，这个时候，没有钱，就会让人加倍气恼。想到自己得不到那种满足感，会认为缺钱是不幸的理由，也就不难理解。金钱占据着生活的重要部分，缺少金钱，使很多事不能如愿进行，这是无奈的事实。

经常有人把这句话挂在嘴边：“等我有了钱……”仿佛有了钱，一切都会迎刃而解，再也没有烦恼。可是，正如金钱并不代表幸福，缺少金钱也不能代表不幸。最简单的例子，按照“没钱就是不幸”这种逻辑，没钱的人根本没有欢乐可言，但事实上，很多没钱的人生活得有滋有味，甚至比富人还要充足快乐，这从根本上说明了贫穷与不幸无关。

而且，有了钱真的就有了一切吗？没钱的人有没钱的人的烦恼，富人也有富人的烦恼，不懂得珍惜当下的生活才是烦恼的根源。生命中总有比金钱更重要的东西，如果你不能发现，不论你是穷是富，都不会有幸福感。相反，如果你仅仅把金钱当做生命的附属品，即使贫穷，也不会有过于强烈的不幸感，如果每个人都能看穿这一点，那么每个人至少在心灵上都不贫穷。

一家美国科研机构针对“缺少金钱会不会降低幸福感”做了专项调研，绝大部分的人相信只要自己的收入能够增加，哪怕只是增加 5%或 10%，生活就会有极大改善。

可是，研究人员同时发现，做出这种选择的人既有低收入的工人，也有年薪百万的经理级人物，也就是说，所有人都对自己的薪水不满意，即使薪水如愿增加，他们也会出现新的问题，甚至有更多的烦恼。研究人员说：“人们通常为金钱烦恼，以为有了金钱就会有幸福，事实上，年薪几千元和年薪百万元的人的不幸感并没有太大差异，与其说缺少金钱是不幸的理由，不如说不能有效利用金钱才是烦恼的根源。”

专家建议，有效利用金钱包括合理的投资和合理的消费，两者缺一不可。“每个月、每一年都要拟定财政计划，即使你赚的钱很少。减少不必要的支出，每个月拿出收入的一部分进行固定投资，才能使金钱变成真正的财富。”

从这个调研来看，使人们不幸的不是缺钱，而是缺乏正确的对金钱的认识和正确使用金钱的方法。每个阶层都有每个阶层的麻烦，加薪可以解决一部分问题，但不能解决所有问题。没有正确的金钱意识，薪水只能叫做薪水，无法变成真正的财富，这是很多现代人面对金钱常常出现的思维误区。

缺少金钱不能成为不幸的理由，但是让自己多一些金钱的想法并不是错误，有时候因为你不懂利用金钱，导致了匮乏，这是你的失误，所谓的不幸也是你自己带来的。查缺补漏，你需要修炼如何掌控金钱，让自己用有限的资金做出更多的事。为了让自己不那么缺少金钱，下面的方法可供参考，它们能够让你初步具备理财意识：

1. 学会记账

想要控制金钱，就要确切了解你的每一分钱来自何方、花在何处。记账是一个好习惯，账本能够让你清楚地看到现金变成了什么，是变成了生活中有用的东西，还是一笔完全无效的花销。通过翻阅账本，你能很直观地发觉自己不良的消费习惯，并提醒自己下次改正。不然，你只会看着空空如也的钱包抱怨“钱怎么这么快就花没了”，根本想不到有多少钱你根本不必花出去。

2. 拟定预算

一份合乎实际的预算能够规范你的金钱，因为有了预算表，在花钱的时候就会有所节制，而生活的“硬成本”是每个月都要首先扣除的，这部分雷打不动的支出因为预算的存在有了切实保证，不会因其他意外而影响基本生活。此外，消费是为了满足需要，要将一部分金钱用在自己的爱好上，不然生活仅仅是干巴巴的生存，谈不上享受。对待自己不可以完全放纵，也不可以十分吝啬，才能保证你快乐的心情。

3. 保险意识

积累财富最重要的是要有长远意识，而消费财富最重要的是要买一个长久保证。在个人财产中，保险意识应该放在重要位置，因为你不能预测人生中可能出现的意外，只能在物质上为这些意外事先预付一笔金钱，以免到时无法应付。保险不只包括人寿保险和财产保险，还应该包括一笔机动性的存款，帮你应付那些突发的麻烦。

4. 眼光要长远

不要因为此时的工作不好、收入不好就总是想要跳槽，目光要放长远，你应该看到的不是你现在能赚多少，而是现在的工作给你带来多少隐性收益，例如经验、机会、接触的事物，这些都是金钱不能买来的，更不要因为一时的贪财做会让自己后悔的事，不论是赌博还是孤注一掷的投资，都是应该避免的。理财是一份长久的事业，需要一点一滴地累积和坚持。此外，在教育上的投资也应该引起你的重视，因为人在不断进步，就离不开充电与学习，把一部分金钱放在教育事业上，就是对你未来的最好投资。

当你觉得缺少金钱的时候，要告诉自己这只是一个暂时的现象，你的薪水会不断提高，你的境遇会不断改变，只要你愿意努力，现在不过是你人生中的一个糟糕时期，很快就会过去，不要因暂时缺少金钱而唠唠叨叨。积累自己的财富，开始自己的理财计划，你才有可能成为未来的富翁。

◎ 不要因金钱迷失自己

在赚钱之前，先把钱看淡，是一种难得的控制能力。一个有头脑、有计划、懂节制的人，不会长久贫穷，他会想办法充实自己、提高自己，让自己更有竞争力，并把自己的劳动和思想转化为更多的金钱。这个过程就是一个走向成功、实现自我的过程。但是，当一个人真的拿到了足量的金钱，危险也随之而来。

人们常说，金钱是万恶之源。因为有了钱，诱惑也相应增多，很多过去未能尝试的事情，现在可以轻易去实现，这就让人们开始追求享乐，忽略了自己最初的目标。为了享乐，更加疯狂地追逐金钱，甚至开始相信“人为财死，鸟为食亡”，为了金钱违背良心，最后彻底迷失在自己的欲望里。

心灵一旦因金钱迷失，人就会越来越贪婪，忘掉自己的底线，这个时候，他们的世界观也会发生扭曲，认为金钱高于一切，有钱就能买到一切，只有钱才是最重要的，在他们心中，亲情、爱情、友情，一切人与人之间的感情也可以用金钱换算，他们不再相信金钱以外的任何事，只在乎自己是否高兴，不会理会旁人的感受，这就是拜金的危害。如果没能未雨绸缪，此时也要亡羊补牢，至少不要因为拥有金钱而失去自我。

一位父亲带着儿子去参加一个拍卖会，以锻炼儿子的金钱意识。他对儿子说："我给你 500 美元，你可以去买自己喜欢的东西，但要记住，你只有 500 美元，千万不要超过这个数额。"

拍卖会上货品种类繁多，儿子看中一把中世纪的古董刀，刀并不是名贵的物品，但那种古朴的样式很让儿子心动，他听到底价只有 100 美元。

很快，拍卖开始了，儿子兴致勃勃地出价，当价格超过 400 美元的时候，儿子的额头冒了汗，随着价格的增长，他发现自己越来越喜欢那把刀，想要拥有的念头越来越强烈。很快，价格超过了 500 美元，他求助地看着父亲，父亲摇了摇头，最后，儿子只好放弃竞拍。

拍卖会结束后，父亲高兴地对儿子说："虽然你没得到那把刀，但你学到了更重要的东西，就是给金钱限定数额的能力。一个人如果不能控制金钱，就会被欲望左右，为了金钱无所不做。你一定要知道自己究竟拥有多少金钱、自己的底线在哪里，才不会迷失。"

在金钱上有自控力，最大的表现就是对欲望的掌控能力，就像故事中的父亲有目的地训练自己的儿子：一个超过 500 美元的古董刀并不是经济负担，但既然事先设定了价格底线，就算再喜欢也不能购买，这就是控制能力的培养。这种控制力会换来清醒的消费意识，让你不会为一时的头脑发热付出大笔金钱，而让你的生活出现问题。

现代社会，处处都有消费陷阱，一个人的金钱再多，也应付不了五花八门的消费项目，没钱的人为此绞尽脑汁，富人为此玩物丧志，这都是一种自我的迷失。只有牢牢控制自己的钱包，知道自己买了什么、不能买什么，才能始终保证金钱在为自己服务，而不是被金钱牵着走。那么，应该如何防止金钱上的迷失?

1. 把金钱花在最重要的地方

每个人的价值观不同，消费观念自然也就不同，防止胡乱花钱的最好方法是尽量把金钱花在最重要的地方，其余用做投资和储蓄。最重要的地方可能是生活，可能是学习，也可能是某种个人爱好，只要它能够给你带来真正的幸福感，又对你的生活有所裨益，为其花费多也是值得的。最重要的地方还包括生活中最需要用钱的那些方面，例如家庭开支等。总之，钱花在刀刃上，是使用金钱的最佳方法。

2. 面对欲望要懂得喊停

人们之所以为金钱迷失，就是因为有太多的欲望。欲望这种东西没有尽头，你不停下，它就会一直增长，让你觉得无比空虚，试图用金钱填满。但是，如果你懂得适可而止，在适当的时候停下脚步，欲望带给你的就会是成就与满足。

欲望太多并不是一件好事，就像你吃美味昂贵的蛋糕，吃一个、两个的时候觉得口齿甘甜，全身舒服，到第三个也许就觉得发腻，一直吃下去完全不再是享受，而只是满足“吃美味昂贵的蛋糕”这一需要。对待欲望，在最恰当的地方停住，你就是幸福的。

3. 为自己定一个消费底线

欲望不可控，但底线却可以自己制定，强制执行。也许一开始的时候你会觉得憋屈，不管怎么控制还是会超过预设的消费底线，这时候你要对自己采取强硬方法，不论是事先列出购物单，坚决不买超出范围的任何物品；或者带恰好够的现金出门，让自己没有机会去花多余的钱，连续几个月锻炼下来，你渐渐就能规范自己的消费行为，懂得“刚刚好”比“看到什么好买什么”的生活要强很多。

4. 要有慈善概念

也许有一天你会成为一个富翁，或者成为一个相对富裕的人，这时候，你可以保持对自己的节俭、对金钱的小心，但别忘了金钱是身外之物，太多就会成为你的负担，如果能用一部分金钱给予需要它的人，也会给你带来极大的满足感和幸福感。

有自控力的人不会视金钱为一切，他们始终用自己的理智牢牢控制着消费，并将金钱用在最应该使用的地方。也许是改变自己的生活，也许是帮助别人改善生活，他们用金钱购买适当的享受，也许这样的人生才是美满的、自由的、充实的。

◎ 挥霍是吞噬财富的魔鬼

每到月底，“财政危机”就成了办公室出现频率极高的一个词，似乎所有人都一无所有了，眼巴巴地等着发薪水。薪水似乎也不低，支付生活费用、人际开支外加一笔存款还有结余，实际情况却是存款还是零，另外两样费用都出现透支。每天觉得自己不过是正常支出，并没有铺张浪费，那么究竟是谁花光了你的钱？

如果每个人都肯在一个月之内每日记账，就会看到答案。让金钱迅速告罄的罪魁祸首是挥霍，挥霍并不是一掷千金，而是不顾自己的财力，非要贪图一时的满足，导致自己的正常生活出现问题。挥霍最大的特点也是最大的害处就是事后你会发现根本不必花这笔钱。挥霍来自于欲望的不满足，而满足这种不合理的欲望，却需要付出极大的代价，至少是现阶段的你不应该承受的代价。

一个人拥有金钱上的自控力，就不会害怕贫穷，他们懂得节约，懂得投资，懂得现在省一点也要把钱用在该用的地方；没有经济头脑的人常遇到经济危机，他们认为节约是不懂享受，觉得投资太遥远，宁可未来受穷也要在现在迫不及待地购买享受。前者是“会过日子”的人，后者的日子只会越来越差，他们的工资不断增长，但他们的境遇却一直保持刚工作的时候，甚至更加拮据。

“月光族”是都市中的一个新鲜词，指的是都市中那些没有理财观念，月初发工资，不到月末就挥霍一空，还会欠下卡债的打工者。“月光族”是即时消费的拥护者，他们不会为长远打算，而总是在精品店等场合潇洒地花费大笔金钱，根本不去想自己还要支付房租水电费，也不管明天的生活费在哪里。

在外人看来，“月光族”及时行乐，似乎活得很自在。但“月光族”有自己的烦恼，他们常常在月底紧巴巴地朝朋友借钱，每天吃泡面。到了年底，他们更加郁闷，辛辛苦苦工作一年，却没攒下一分钱，不知回老家以后如何对父母交代。

更糟糕的是，“月光族”手中没有不动产，他们永远也不会想到长线投资，所以他们只能靠固定的工资生活，一辈子也当不了富人。

想要自己手里的钱越来越多，首先要想的不是如何赚，而是如何保值、增值，最基础的一点是不要乱花，否则钱永远被你浪费在没有用的地方。并不是说不能买那些与生活无关、仅仅是个人爱好的东西，而是这样的购买需要有度，此外，很多不必要的消费也应该节省。当一个人还处在资金积累期的时候，太多计划外的消费就是挥霍。

财富在节省中慢慢积累，在挥霍中消失殆尽，就像城市里的“月光族”，看似享受了人生，看似风光自在，但他们内心未必没有对未来的恐慌，他们应付不了突发的情况，也不知道有一天如果失去工作，他们该怎么做。在消费上，每个人都应该有点儿头脑，至少不要做个“月光族”。参考以下行为，就可以看出你有没有当“月光族”的潜质：

1. 根本不知道自己钱包里还剩多少钱

“月光族”最大的特点就是不知道自己的钱包里还剩多少钱，就算知道，他们也不会在意。他们比任何人都要迷恋即时消费带来的满足感，“看到了什么一定要买下，哪怕明天不知道怎么过日子”，这种看似洒脱，实则不切实际的心理其实是一种不成熟的财富心理。

过日子需要精打细算，才能用有限的金钱满足自己更多的需要。而“月光族”从来没有打算，既不为目前的生活打算，也不为未来打算，他们的经济状况始终堪忧。

2. 及时行乐，即使钱不够也要娱乐

及时行乐是“月光族”的信条，“月光族”只看到金钱能给自己带来的一时快感，而把现实生活和金钱更大的价值弃之不顾，所以他们看上去很有能力、很风光，但经济却一直没有起色。

花钱买开心是很多人的追求，但是无论追求什么都要量力而行，那些冲动之下消费掉一个月薪水，回头还对别人说“很爽”的人，多半是在打肿脸充胖子。

3. 消费那些不符合自己收入的商品

再多的钱也架不住拥有者的挥霍，而且，绝大多数的人拥有的金钱不足以满足本人的欲望，因为他们总是盯着那些奢侈的、与自己生活完全不符的东西，想要以此证明自己的品位和地位。就像一个不停追捧奢侈品的小白领，即使工作再辛苦，也要过着捉襟见肘的生活，更有甚者，还要背上债务，甚至为这些商品走上邪路。

4. 喜欢信用卡，甚至“卡付卡”

信用卡是现代社会的产物，也是都市“月光族”的新宠，在没有钱的情况下还能花钱，解决了“月光族”们的一部分需要。但是，天下没有不要钱的午餐，得到一张信用卡容易，但想要退掉信用卡，其过程却无比烦琐，更何况，一旦留下不良信用记录，就会伴随终身。更可怕的是有些人透支一张卡去弥补另一张卡的亏空，更让自己陷入债务怪圈。

富人和没钱的人的思维不一样，富人永远盯着长远，他们为了长远计划可以忍住自己的欲望，不会贪图一时的快乐；而没钱的人只在乎现在，他们觉得只要现在快活了，一切可以从长计议。也就是说，富人的所作所为就是在“从长计议”，而没钱的人总是把“从长计议”留待日后。一个是行动派，另一个是幻想派；一个越来越有钱，另一个总是那么贫穷。所以，想要做个富人，首先要学习的是富人的思维，而不是盯着富人的享受。

◎ 拿钱换时间，还是拿时间换钱

多年前有一首歌叫《我想去桂林》，里边有这样几句歌词：“可是有时间的时候我却没有钱，可是有了钱的时候我却没时间。”无奈地唱出了钱与时间的关系：想要赚钱的人总是脚不沾地地忙碌着，那些不去工作有时间玩的人往往没有足够的金钱。金钱和时间似乎是完全对立的，有了一方就不能有另一方。

实际上，金钱和时间的关系远不止“有钱没时间”这么简单。金钱能够买来很多东西，其中就包括时间。举个最简单的例子，当你想要享受一个与阅读和音乐相伴的下午，你可以拿出金钱雇一个钟点工对你的房间进行大扫除。但是，如果你想着“自己做就能把这笔钱省下来”，你也可以用一个下午的劳动省下一笔钱。每个人的价值观不同，不过，如果你的财富支付钟点工绰绰有余，为什么不用一点金钱换来一下午的休闲，而偏要让自己腰酸背痛?

人们的金钱观念应该逐步改造转变，过日子需要节约，但是，如果事事节约、时时节约，即使手里有钱也让日子紧紧巴巴，赚钱的意义何在？赚钱是为了自己能有更多的闲暇享受生活，而不是让自己工作的时候累，休闲的时候更累。理智的消费观要杜绝挥霍，但也要避免那些不必要的节省，在量力而行的基础上，让自己活得更舒服，才是体现金钱真正的价值。

一个山村里住着一对兄弟，每天在地里种田，日子过得很安稳。有一天，邻国发生了战争，国王派遣军队去邻国帮忙平定叛乱，每一天都有军队从山边经过。士兵们来去匆匆，常向居民们买些蔬果干粮。哥哥每天都要带着野果等食物守在路边，将这些东西卖给士兵，从而得到一枚枚铜币。对这个生财之道，哥哥很得意，劝说弟弟跟自己一起干。

弟弟却劝哥哥不要浪费时间，因为战争早晚会结束，等到士兵再也不经过这里，哥哥就再也得不到钱，还会荒废好不容易种下的田地。哥哥根本不听弟弟的劝告，仍旧每天等待着军队的到来。弟弟没办法，只能自己回到田里，继续辛勤耕种。

半年后，战争结束了，军人们很快回乡，哥哥再也赚不到钱，转眼到了冬天，他连过冬的粮食都没有，只好求弟弟接济。更糟糕的是，他连明年的种子都没有准备好，生活陷入困顿，只好去帮弟弟种田，以期混上一口饭吃。

这个故事说明了时间与金钱关系的复杂程度。当人们看到赚钱机会的时候，很难克制自己的心动，在短时期内，捞一笔的机会谁都不想放弃。可是，如果没有相应的资金增值方法，还不如脚踏实地地工作。就像故事中的哥哥，如果他能用赚来的钱投资买卖、学习知识，甚至购买一批家畜、购买一些种子，都能让他的生活不比弟弟差，可见有金钱意识虽然重要，也要有时间意识，特别是长远的眼光。

有自控力的人知道“一寸光阴一寸金，寸金能买寸光阴”，花钱买更多的时间，而不是反过来，于是，聪明人的时间和金钱越来越多。如果你也想要效仿这种聪明，就要首先形成以下观念：

1. 不要为小利浪费时间

觉得钱不够花的时候，总想动点脑筋、花点时间赚些零花钱，如果时间充裕，条件允许，赚一笔外快有益身心还能增加点经验。但是，如果你本身是个大忙人，为了点小钱浪费休息时间；如果你本身是个备考学生，放下复习去做家教，都有本末倒置的嫌疑——是未来重要，还是你现在的外快重要？不是万不得已，不要为小利浪费宝贵时间，因为将来有很多赚钱的机会，只要你有足够的精力和资本，你可以赚比现在多很多倍的钱。

2. 当金钱与时间有冲突，果断珍惜时间

时间和金钱有时候会产生冲突，也许是现代社会的压力所致，多数人觉得浪费时间不要紧，赚钱才是最重要的，所以，他们可以为了赚钱而压缩自己所有的时间，包括休息、与家人的相处、娱乐等。理想的生活本来就包括赚钱的时间和生活的时间，二者需要按一定比例均衡，人才能既保证生活的需要，又有幸福的生活感受。所以，除去必须支付的赚钱时间和一定量的加班，不要让金钱挤压自己的所有时间，珍惜时间就是珍惜生命。

3. 用金钱换取时间

没钱的人在用自己的时间换取金钱，而富人们却在用金钱换取没钱的人的时间，让自己的时间更加充裕，观念上的差异造成了没钱的人不愿为节省时间而花钱，而富人却愿意投入大笔资金节省时间。其实这不难理解，如果你有大笔存款，雇用一个专业理财师，虽然花费不菲，但实际收益却比你自己胡乱研究、冒险投资得到的更多，而且你还可以用省下来的时间换更多的钱。即使多数人不是富翁，但也要有以金钱换时间的意识。

还要记住的是，钱可以再赚，时间一旦过去就回不来。要明白时间的宝贵，争分夺秒做最重要的事，不论是学习、打拼，还是恋爱、玩耍。不要想着“有钱以后再去做”，即使有一天你有了钱，那些年轻的感觉和干劲再也回不来，你得到的只有怀念和伤感。

◎ 小心理财中的“马太效应”

现代人最大的烦恼就是手里的钱总是不够花。对于多数现代人来说，每个月拿到工资那一天最开心，接下来问题就来了：扣除掉房租水电费、生活费、交际费、电话费等必须支出的开支，再放一笔在银行以备不时之需，自己手里还剩下多少？更令他们不解的是，同样的工资，别人却可以活得很滋润，各项支出都很大方不说，还常常出去旅行，仔细问一下，发现钱也都是自己赚的。

人们难免好奇有些人只是普通的工薪阶层，日子却一天比一天快地奔向小康，究竟他们有什么秘诀？自己和他们差距在什么地方呢？如果愿意多多接触这种“花的钱比赚的钱多还有富余”的人，就会发现他们有个共同特点，就是用赚来的钱去投资，有很强的投资意识。

自控力包括很多方面，超前意识占了很大部分，其中之一就是金钱上的超前意识，即投资。投资意识是自控力的一种表现，金钱如果只是一个数字，早晚有花完的一天，如果把金钱变成可以升值的东西，最基本的例如储蓄，还有股票、国债、不动产、基金，等等，财富就会一点点变多，原本的数字就会不断变大。而那些理财意识传统、不敢拿钱去投资的人，只能靠工资过日子，体会不了“钱生钱”的感觉，还可能陷入贫穷。

有一个贵族即将出远门，他把他的仆人们召集起来，给了每个人一笔金钱，吩咐他们按照自己的意思替他保管。

很久以后，贵族回到家中，又把仆人们召集起来，第一个仆人说：“主人，我用您给的5000金币去做生意，现在已经变成1万金币了。”贵族高兴地说：“你是个有头脑的人，今后你就是我的管家。”

第二个仆人说：“我用您给的2000金币赚了2000。”贵族说：“你是个忠心的人，在一些事情上有头脑，我会派给你一些事情。”

第三个仆人说：“您给了我1000金币，我怕弄丢，就把它们埋进地里，现在它们原封不动在这里。”贵族说：“你这个懒惰的人！简直是浪费我的钱财！”

这个故事所阐述的现象被社会学家称为“马太效应”。如果手中的资金不能靠自己的头脑变得更多，它实际上已经贬值。想要当一个富人，就要有富人的头脑，而不是维持古老的储蓄观念。把钱藏起来的确让你保有一部分金钱，但它不会增多，就不会派上更多用场。有了钱不去用，钱等于没用。

会赚钱的人才能更理智地看待金钱，否则说“淡泊名利”也觉得底气不足。一个人可以不贪婪、不吝啬，不为金钱所惑，不为追逐金钱违背良心，但一定要有理财头脑，保证自己的生活。介绍几种简单的投资方法，可以保证你生活在富裕的环境中，而不是时时捉襟见肘：

1. 保证自己手里有多余的钱

手里有多余的钱是投资的前提，因为投资本身是一件有风险的事，不论是基金还是股票，都存在涨跌问题，如果你运气不好，也许所有钱都会被套牢；而储蓄和国债要么收益低，要么战线长，还有一点就是钱放进去暂时根本别想用它。

只有在手中的金钱能够满足生活需求，才能考虑投资，因为投资的钱有可能有去无回。投资是增长财富的一种方式，而不是赌博，这是对待投资的正确态度。

2. 选择最合适的投资方法

每个人都有适合自己的投资方法，有些人觉得炒股票既有可观的收入，又能锻炼自己的头脑，而且刚好赔得起，赚得起，这就是最适合的投资；也有些人的观念相对保守，买股票的话，天天担惊受怕，既耐不住寂寞，也没有分析能力，这样的人也许买个房子更符合其心意，也让其更加踏实。总之，投资要选适合自己的，不要随大流，也不要听别人的建议。

3. 投资要有细水长流的意识

不要幻想一夜暴富，把投资看做资金升值的方式，而不是投机。投资既考验眼光，也考验耐力，有些投资方式在短时间内可能看不出什么成果，有时候甚至会让你觉得资金被套牢，很不方便。但是，投资就是一个放长线钓大鱼的过程，只要有耐性一定会有所收获。或者可以这样安慰自己：用这笔闲钱吃喝玩乐也就是花掉，放出去投资，没准能赚回一些。

要理财，而不是要守财。理财的人只要方法得当，一份金钱可能变成两份、三份……而守财的人是守着自己一点金钱，作风保守，有时为了省钱甚至成了守财奴，这就低估了金钱的价值，也没有把金钱发挥到最大的作用。现代社会，如果自己手中有余款，应该学着去投资，也许不久的将来，你就会获得丰厚的回报。

下篇
自控力之生活实践

在这个竞争日趋激烈的社会，你的自控力有多强，竞争力就有多强。甚至可以说，你人生的成败，就取决于你的自控力大小，而自控力在生活实践上主要表现为自我管理。所谓自我管理，其实就是一个自我克服、不断提升的过程，表现在方方面面，如管理目标、管理言行、管理时间、管理习惯、管理情绪、管理心态等等。

第10章
自控力之目标管理

在这个竞争日趋激烈的社会，你的自控力有多强，竞争力就有多强。甚至可以说，你人生的成败，就取决于你的自控力大小，而自控力在生活实践上主要表现为自我管理。所谓自我管理，其实就是一个自我克服、不断提升的过程，表现在方方面面，如管理目标、管理言行、管理时间、管理习惯、管理情绪、管理心态等等。

◎ 有了目标，就有了前行的方向

古话说：“欲行千里，先立其志。”这里所谓的“志”，就是人生的志向，也就是人生的目标。否则，漫无目的地走，最终只会误入歧途。

所谓的目标，其实非常简单，就是你想要得到的东西。如果你非常想得到某件东西，就必须把它作为自己坚定的目标。在我们满心渴望地追求一个目标时，会触发许多与目标相关的事件，有些事件看起来微不足道，但是如果我们处理不好，也可能使我们偏离自己的目标。这就像打电动游戏一样，最终的目标是打倒终极怪物，但是为了实现这一目标，你需要不断地升级、获取装备……只要一件事情没能处理好，也许就无法获得最后的胜利。

有了目标之后，就会激发起人的成功欲望。这种欲望可以激发我们的自律精神，因为当我们把行动和心中的目标联系在一起时，总是会有更优秀的自制力，不被外界的困扰所迷惑。

拿破仑·希尔认为，支撑人类生存和发展的一个重要因素就是欲望。只有那些拥有欲望的人才会产生不断奋斗的勇气和决心。松下幸之助曾经说过："如果你想成功，最重要的就是要有想去完成那件事的强烈欲望。心里一直想着不完成它绝不罢休的时候，事情可以说已成功了一半。有了这种积极的成功欲望，一定能想出完成这件事的手段或方法。"这段话道出了一个亘古不变的成功法则：强烈的需求心从来都是推动人们成就事业的巨大力量。

人仅仅拥有一般的欲望是不够的，要成功就必须拥有并保持强烈的成功欲望。比如，如果你真的十分强烈地希望拥有财富，那么你就应该首先在内心产生发财致富的欲望，进而使这种欲望变成充满你大脑的念头。所有梦想做出一番事业和傲人成就的人都要将目标牢牢记在心中，时刻鞭策自己，只有这样，成功才会在某一天降临。

对于所有人而言，内在的精神是促使自己去实现目标的最大动力和积极因素。为什么失败者常常整日无所事事、虚度光阴？就是因为他们没有目标。没有目标，人就会迷失方向，开始漫无目的地徘徊，接受平庸的生活。

弗罗伦丝·查德威克是世界著名的女性游泳健将，也是世界上第一位成功横渡英吉利海峡的女性。

1952 年 7 月 4 日清晨，当时已经 34 岁的查德威克从卡塔林纳岛上出发，试图穿越茫茫的太平洋，到达 21 英里之外的美国加利福尼亚海岸。如果成功，她将创造另一项世界纪录。

那天早上，大雾弥漫，她几乎看不到护送她的船队和人员。冰冷的海水冻得她浑身发麻，她咬紧牙关坚持着，时间慢慢地过去，成千上万的观众在电视前看着她，为她呐喊加油。

大约过了15个小时，她感到疲惫不堪，又冷又累，快要坚持不住了，于是，她呼喊着让人拉她上船。这时，她的母亲在船上告诉她，现在离加利福尼亚海岸已经很近了，千万不要放弃。可是，她朝前面望去，除了浓雾还是浓雾。她又坚持游了半个多小时，15个小时55分钟之后，她筋疲力尽，跟随的保护人员终于把她拉上了船。

浓雾散去之后，她才知道，自己上船的地方离海岸仅有半英里的距离。

这是她长距离游泳生涯中唯一的一次失败。事后她对采访的记者说："说实在的，我不是为自己找借口，如果当时我能看见陆地，也许我能坚持下来。"

两个月之后，她成功地游过了这一曾经令她失败的海域。

这个故事揭示了目标的重要性，人若没有目标，就失去了斗志，更失去了约束自我的自律能力，最后终将走向失败。

人活在这个世界上总会受到各种事物的影响，外在环境也永远在变化，如果没有树立坚定而且明确的目标，就难以树立起自律能力，更容易接受一些消极的影响，最终沦为失败者。相反，那些拥有明确目标的人则不会被轻易改变，所以他们显得更加执着、更有意志，也更容易成功。

你如果给自己树立了一个坚定而且明确的目标，不论它是大还是小，容易或者困难，你都会把自己生命中分散的力量集中到这个目标上，所以更容易在某个领域获得成功。

哈佛大学做了这样一个关于目标对人生影响的跟踪调查，对象是一群智商、情商、学历、环境等条件差不多的年轻人，调查结果发现，27%的人没有目标，60%的人目标模糊，10%的人有着清晰但比较短期的目标，只有3%的人有着清晰且长期的目标。

25年的研究结果表明，那些3%有着清晰且长期的目标的人，25年来几乎都不曾更改过自己的人生目标，他们都朝着同一个方向不懈地努力。25年后，他们几乎都成了社会各界的顶尖成功人士，多是行业领袖、社会精英。那些10%的有着清晰短期目标的人，大都生活在社会的中上层，他们的共同特点是：那些短期目标不断被达成，生活状态稳步上升，成为各行各业不可缺少的专业人士，如医生、律师、工程师等。其中60%的模糊目标者几乎都生活在社会的中下层，他们能安稳地生活和工作，但都没有做出什么特别的成绩。剩下的27%是那些25年来都没有目标的人群，他们几乎都生活在社会的最底层。他们遭遇了失业的境遇，靠社会救济生存，并且常常抱怨他人、抱怨社会、抱怨世界。

哈佛大学的这个调查用事实证明了一个真理——没有目标的人，最终会被命运抛弃。

对于我们这些普通人而言，要想实现自己的梦想，就必须时时将梦想放在心里，不要放弃每一个为了梦想而努力的瞬间，这是奋斗过程中不能缺少的一环。

事实上，人其实就是一种“目标动物”。正如亚里士多德说：“人是一种追寻目标的动物。”当初诺贝尔为了制造出炸药，不惜投入数年光阴、无数家资并抛开自己的生命安全，只为实现自己的目标，虽历经艰险，然而终有成功之时。李时珍为写《本草纲目》更是行万里路、读万卷书，放弃高官厚禄，付出数十载光阴，最后才终于万古流芳。我们实现自己目的的每一个过程，都是一个不断追求目标的过程。

人生目标的确立，能够使人们在规划人生的同时可以更理性地思考自己的未来，只有确立了正确的目标，我们才可能到达想要的境界。

总而言之，人若想有大成就，就必须有目标并专注于自己的目标。爱因斯坦也说：“一个人只有以他全部的力量和精力致力于某一个事业时，才能成为一个真正的大师。”

◎ 制订计划，预订成功

从实践看，树立目标总离不开三个步骤：第一个步骤是确定自己的目标，第二个步骤是制订实现目标的计划，第三个步骤是做出时间安排，确保计划的实现。

每一个人都应该树立自己的目标，为了实现人生目的，我们必须有计划地度过每一天。所以，有了人生目标之后还要学会计划，因为目标需要用计划来实现。正所谓有人在计划成功，有人在计划失败，就是这个道理。

譬如，假如你想要去某个城镇，自己开着车，你脑海中自然会刻画出你想抵达的目的地，而且你会直接沿着这个方向前进。虽然你对自己选择的道路并不确定，可能会转错弯，沿着错误的方向走下去，可是你最终会找到正确的路，并抵达目的地。当你头脑中有一个明确的目的地，沿着正确的路去寻找，你就一定可以到达。

据说只有两种动物能到达金字塔顶端——一种是雄鹰，另一种是蜗牛。雄鹰靠的是自己的天赋——一双会飞的翅膀；蜗牛虽然很慢，而且经常会在向上爬的时候掉下去，只能从头再来。但是靠着自己的坚持，它还是爬到了金字塔顶端，它眼中所看到的世界、收获的成就和雄鹰是一样的。

其实，每一个人的成功都是他实现自己的人生目标（包括小目标或大目标、短期目标或长期目标）的全过程。要知道，无论多么恢宏的理想，也是一个个小目标的集合。就像打仗一样，不管你的战略构想有多么宏大，都要先去计划好一城一池的得失。每个人在为理想奋斗的过程中要实现目标，就必须制订实现目标的计划。

没有计划的目标是空中楼阁，一个人必须以目标为中心，制订自己的“个人成功计划”；但假如你给自己制订的目标很遥远，你也不要被自己的目标所吓倒，这会极大地影响你在实践目标过程中的自律能力。

如果我们想取得一定的成功，我们要做的第一件事就是必须建立一个坚定而且明确的目标。为了实现目标、实现自律，我们可以把远大的目标分解为若干个小目标，然后再依次渐进去实现它们。这样一来，每次实现一个小目标，内心就有一种成就感，自信心就会大增，这种成就感会进一步增强我们的自律能力。只要一步步走下去，最终会实现那个遥不可及的“大目标”。

在 1984 年的东京国际马拉松邀请赛中，日本人山田本一出人意料地获得了冠军。在记者招待会上，他才说出了自己赢得比赛的秘诀，原来，山田本一将马拉松全程分为好几个阶段，站在起点上时，他心里并不去想那漫长的数十公里路程该怎么坚持下去，而是只想着眼前这个阶段的不到 1000 米该如何跑完，这样一来，心理压力就降到了最低，发挥得也更出色了，最后终于赢得冠军，这就是分阶段实现目标的好处。

如果你想要提高你的英语水平，你就不能告诉自己：“我要提升我的英语水平。”你应该说：“我现在的英语水平是四级，我要在一年之内把英语水平提升到六级。”这就是明确的目标。只有拥有强烈的动机，你才能够克服一切困难，直到成功。一旦你的愿望开始燃烧起来，你将发挥出比任何人都坚强的忍耐力。

在有了目标之后，你应该给自己制订一个计划。我们经常会听到：“计划不如变化快。”但你要明白“没有计划，你正在计划失败!”虽然计划容易发生变化，但不能因为变化而不去做计划。就是因为计划常常变化，所以我们更需要明确的、具体的、周详的计划。对于一件事情，你可以制订几个计划方案，当第一个计划发生变化时，你要马上修正你的计划，或者直接启用第二套方案继续你的计划。在制订和实施明确而周详的计划的过程中，你必须集中注意力去解决问题。陈安之说道：“注意力等于事实。”要集中注意力，就像练武之人将全身所有的力量集中到拳头上去攻击敌人一样；要集中注意力，就要像老奶奶聚精会神地把线穿到针眼里一样。

每个人都要按目标所指出的方向努力，根据预定计划去考虑该采取什么样的措施。在做出几年、几月、几周的计划后，也要制订出相应的实施计划，然后把这些计划写下来，以便不断提醒自己。

当我们的目标看起来遥不可及的时候，我们不妨将奋斗目标长短结合，让自己不断体会成功的喜悦，保持那份进取之心。例如，一份需要五年才能实现的梦想，我们可以于每一年给自己设定一个标准，一旦实现这一目标，就可以对自己犒劳一番，体会成功的快乐。给自己树立新的目标，就会有新的方向、新的动力，这样自然能保持高涨的工作热情。

但是你也要明白，如果你树立多个目标，你指引的这种力量将被分散，每个目标都会平等地获得这种力量的一小部分，从而使作用变小，甚至根本不会产生任何作用。你是否有一个伟大的最终目标要去完成？而且在完成这个最终目标的过程中，你必须先完成一些较小的目标？那么让这些较小的目标静止不动，选择最近的或是第一个目标，在其中运用你的力量，一旦你完成了第一个目标，再继续完成第二个，如此继续。

曾国藩曾说，获取成功，第一要有志，第二要有识，第三要有恒。简言之，就是说人应该有一个坚定的目标，然后持之以恒地走下去，才能获得成功。

◎ 细化目标，成功便唾手可得

对于我们每一个人来说，只要能够正确地确立目标并积极地去实现它，我们就会获得成功的人生。其中“确立目标”可以说是比较容易的，但是最难的就是如何实现目标。

很多人有着许多远大的理想，但是等到最后却没有去实践，这是因为他们已经被庞大目标的困难度给击败了，实现目标所需要的勇气已经被心中的恐惧所击碎，所以，他们的目标很难实现。事实上，有很多目标看似很难实现，但是我们完全可以通过“目标多权树分解法”来实现它们。

那么，什么是“目标多权树分解法”呢？在为了回答这个问题而解释这个词组之前，我们先来看这么一则寓言故事。

一只新安装成功的闹钟和两只已经工作了很多年的钟放到了一起。两只旧钟发出“滴答”、“滴答”的声音，它们一分一秒地按时走着。

新闹钟很好奇地问道：“我们的工作很好做是不是？”

一只旧钟对新钟说：“非常艰难，我甚至对你有点儿担心，担心你走完了 3300 万次后，就已经吃不消了。”

“天啊，3300万次，太不可思议了！”新钟吃惊地说道，“要我完成这么难的事，恐怕我做不到。”它非常绝望地站着。另一只旧钟对它说：“别听它乱说，你一点儿都不用害怕，你只要每秒钟‘滴答’一声就可以了。”

“原来是这样简单！”新钟高兴地喊了起来，“只要这样做，那就简单多了，好吧，我现在就开始滴答了。”新钟非常轻松地每秒钟便“滴答”摆一下。转眼之间，一年多过去了，它摆了3300万次。

这个寓言故事告诉我们：通常在一个很大的目标面前，人们经常会因为目标的艰辛而感到失望，甚至怀疑自己有没有能力完成，自控力更是无从谈起。可是，当我们在一个小目标面前的时候，我们却总是会充满信心地实现它。

人们常说，人往高处走，水往低处流。是啊，每个人都有自己的人生追求，可有的人喜欢把目标定得过高、过大，因为不切实际，非但实现不了，反而会对自己造成伤害，让自己陷入失败症候群中无法自拔，甚至拖累一生。因此，一切从实际出发，冷静分析自己的强项和弱势，不好高骛远、不贪多求大，才能做出明智的选择，才能脚踏实地、一步一个脚印地实现自己的人生目标。

在英国国会大厦的西南侧耸立着英国最古老的建筑物——威斯敏斯特教堂，在这里长眠着从亨利三世到乔治二世等20多位国王，憩息着牛顿、达尔文、狄更斯等科学家、文学家以及第二次世界大战中于“不列颠之战”中牺牲的皇家空军将士。在一个不显眼的角落的一块墓碑上刻着一段非常著名的话：“当我年轻的时候，我的想象力从没有受过限制，我梦想改变这个世界。当我成熟以后，我发现我不能够改变这个世界，我将目光缩短了些，决定只改变我的国家。当我进入暮年以后，我发现我不能够改变我的国家，我的最后愿望仅仅是改变一下我的家庭，但是，这也不可能。当我现在躺在床上，行将就木时，我突然意识到：如果一开始我仅仅去改变我自己，然后作为一个榜样，我可能会改变我的家庭；在家人的帮助和鼓励下，我可能为国家做一些事情；然后，谁知道呢？我甚至可能改变这个世界。”

通过这段充满懊悔的文字，我们应该懂得成功的最佳目标不是最有价值的那个，而是最有可能实现的那个。因此，无论何时何地，我们都要正确估量自己、正视自己。如果你是一棵小树，那就一心一意地把根扎进沃土；如果你是一只船，那就扬起高高的风帆；如果你是水，就要成为一股奔腾的活水去投奔大海……

相反，如果我们将每一个大目标分成若干个小目标去实现，那么只要我们实现了每一个小目标，那么大目标距离我们也就不远了。

的确，目标是一步一步地实现的，想要实现目标就应该由小目标到大目标、一步一个台阶地前进。如果我们在设定目标的时候将大目标转到小目标，一层一层地分解，再将每一个小目标转换成很多更小的目标，那么，当我们在实现每一个小目标之时，我们就能备受鼓舞，而且我们会很清楚自己现在该去做什么。

所谓“目标多杈树法”又叫“计划多杈树”，就是指用树干代表“大目标”，用每一根树枝代表那些“小目标”，用叶子代表现在就要去做的目标。这是一种很有条理的划分方法，能把一个个宽泛的目标分解成具体的目标，能够让我们更好地去工作。

那么，我们如何运用“目标多杈树分解法”呢？

首先将那些大目标写出来，然后问问自己：实现这些目标需要什么样的条件？然后列出实现目标的相关条件。而这些需要完成的条件就是我们达成这一目标之前必须实现的小目标。因此，每一个小目标都是大目标上的树杈。

紧接着再问问自己：要实现这些小目标的相关条件是什么？然后，写出实现每一个小目标所需要的“必要条件”与“充分条件”。这样一来，我们就会找到这些小目标上的“杈树”。依次类推，等我们画出了所有的“树叶”，我们就算是完成了该目标的“多杈树”的分解。每一个目标到最后都可能被描绘成一棵枝繁叶茂的大树。所以，一棵完整的“目标树”就是一套完整的实现这一目标的具体行动计划。

检查“目标树”的分解是否具体，只需反过来从叶子到树枝，再到树干不断地去数，然后不断地问：如果这些小目标都没有实现，那么这些大目标就一定会实现吗？如果“是”，那么就表示这个分解是具体的；如果是“不一定”，那么就表明我们所列的小目标还不够充分具体，需要继续补充被忽略的小目标。

“目标多杈树”分解步骤如下：

(1) 写出一个很大的目标。

(2) 写出实现这一目标所有的“必要条件”和“充分条件”，再将这些条件作为小目标，即我们所说的第一层树杈。

(3) 写出实现每一个小目标所需的“必要条件”和“充分条件”，这些条件就是我们所说的第二层树杈。

(4) 如此类推，直到画出所有的树叶之时就表示实现了目标，这才算完成了这一目标。

(5) 检查“多杈树”的分解是否具体，就应该不断检查，如果小目标都没有实现，那么大目标肯定就没有实现。如果小目标都已完成，那么所列的条件已经足够充分，大目标也已经实现。

(6) 评估目标。所谓的目标评估可以分为“目标合理性评估”与“计划可行性评估”两大类。这两种评估的核心就是对于目标大小的正确评估。

A. 评判标准之一：当目标被完全分解完全后，发现在单位时间无法完成

“树叶”显示所有的工作量，那么就表明这一目标太大，还需要继续分解。

B. 评判标准之二：当目标被完全分解之后，发现在单位时间内可以轻易完成“树叶”显示的所有工作量，那么表明这一目标太小。

(7) 判断目标能否实现。将目标“多杈树”分解完后，如果列出的条件全部是“必要条件”，那就表明即使这些小目标全部达成，那么大目标也不一定能够实现。如果列出的条件是“充分条件”，就算除了“必要条件”外还有充分的条件，那就表明只要小目标全部实现，这一大目标就一定能够实现。假如小目标全部实现了，但是大目标却不一定达成，那么则表明分解时忽略了其他辅助条件，这时候我们就应该立即予以补充，直到所有的条件完全充分为止。

以上是目标管理的几个原则，而这些原则的实施必须依赖人的自律精神。人之所以区别于动物就在于可以自律，动物的一切行为皆源自于本能，而人的行为却要控之、制之、律之，只有这样才能有德。人有德才称之为“人”，只有最简单的行为而无德，与动物有何异？诚然，自律不易。正如柏拉图所说，自律是对于快乐与欲望的控制。每个人在纷繁复杂又充满诱惑的世界中前行，势必会受到各种各样的诱惑。这时，阻碍自己前进、破坏自己艰苦努力的敌人往往不具备足够坚定的意志，没有顽强意志力的支撑，自律只是一纸空文。你必须时刻强迫自己做不愿做却不得不做的事情。比如，上操时挺拔的军姿是必需的，但你却筋疲力尽、大汗淋漓，如果你随便乱动，就是在放纵自己的行为；如果你克服疲惫、坚持到底，就是你自律的表现。

自律的养成是一个长期的过程，不是一朝一夕的事情，因此要自律，首先就得勇敢面对来自各方面一次次的挑战，不要轻易地放纵自己，哪怕只是一件微不足道的事情。一次放松似乎是茫茫人生大海中的一片浪花，而一时的懈怠似乎只是漫漫机遇中的一粒沙砾，但一次次放松与懈怠的累积就会演变为顽固不化的恶习，最终在自己的松懈散漫下将会惨烈地败给自己。

◎ 计划行事，才能出高效

与其紧张地工作，不如轻松地前进。要想能够轻松地前进，就应该有一个完善的计划以及按照计划一路向前的自律精神。

很多计划是为实现一定的目标而在事前对相关的措施和步骤进行了部署。因此，我们在做任何事情之前必须要有计划，如果不能达到预期的目标，那么就表明计划失败。

伊索寓言中有个《蚂蚁和蝉》的故事。

冬天的时候，蚂蚁在晾晒受潮的粮食。这时候，一只饥肠辘辘的蝉向它乞讨。蚂蚁对蝉说：“为什么你不在夏天的时候为自己储存点儿粮食呢?”

蝉回答说：“那时候，我还正在唱着悦耳的歌曲，根本就没有工夫做这些事。”蚂蚁笑着说：“如果你夏天的时候吹箫，那么冬天的时候就去跳舞吧。”

从这个寓言故事中，每一个人都能体会出利用时间的态度不同，我们命运的境遇自然也就不一样。有了计划，我们做工作时才会有方向和重点，工作起来才能有条理。作为一个整日都非常繁忙的职业人士，为了拥有更多的时间，就必须养成制订计划的优良习惯，养成一个好习惯，会使我们每做一件事就向我们的梦想靠近一步。

根据一项调查报告显示，在计划上投入较多的时间的人和没有投入很多时间的人相比，前者能够在非常短的时间内实现计划，而且效果非常不错。

这表明，有效的计划能成为高效利用时间的奠基石。有的人可能会抱怨自己总是没有时间制订计划，可以说，这样的做法根本就是借口，这样的人别想得到预期的效果。调查的负责人对此提出了警告：“一流的企业员工做事必须在计划的指导下进行。我们与其紧张地工作，不如轻松地前进。花一点儿时间安排好全部计划，就能够让我们在行动过程中节省很多的时间。”

美国前总统罗斯福就是一个注重计划的人，他总是会把自己该做的事全部记录下来，然后去拟定一个整体的计划表，规定自己要在某些时间内做某些工作。正因为如此，他总是按照自己的时间计划去做事情。通过他的日程表就可以看出：上午9点钟的时候，他与夫人在白宫草地上悠闲地散着步，等到晚上的时候再去招待客人吃饭，一天的时间被他安排得井井有条。等到他该睡觉的时候，因为所有该做的事都完成了，所以他可以放心地去睡大觉。

按照时间和内容，大体上可以将计划分为这么几类：日计划、周计划、月计划、季度计划、年度计划以及专项计划等。

那么，我们如何做好月计划呢？

月计划一定要比周计划更加宏观。一般来说，月计划包括下一个月要去做的重要事项，因此月计划是一项相对长期的计划。一定要指出的是：月计划必须是与企业的目标以及部门在某一段时间周期内的工作内容都紧密地联系在一起的。

例如，一个人在未来一个月内要完成一个目标，那么他可以把月目标分成四个周目标来实施。

通常来说，周计划必须遵从月计划，因为很多重要的工作不是在一周之内所能完成的，而是一个连续的过程。但是任何计划都永远赶不上变化，谁也不可能预先制订出一个完美无缺的月计划。

在做周计划之前，应对所有的工作进行一次全面性的检查，然后再根据工作目标、月计划、工作日志、排定的活动、待办的事项等去安排周计划，因为这样做能够安排好工作的优先顺序。

为了确保按时完成计划，必须将计划写下来，这样做可以控制和利用好时间。每日计划可以包含下列内容：

(1) 当天目标，就是我们必须当日完成的工作；

(2) 预留事项，预定的特别事项所应该准备的时间；

(3) 待做事项，并不是很重要的工作；

制订和实施日计划的五个步骤如下：

(1) 把每一个目标任务清楚地写出来；

(2) 确定当天的重要事项，提前安排好优先顺序；

(3) 准确估算一下时间的长短；

(4) 写出自己的行动方法和工作步骤；

(5) 预测可能出现的问题并制定出相应的应对措施，留一些缓冲时间给随时可能会发生的变故。

最好在每天晚上做好明天的日计划，并检查每天所做的工作是否与周目标相吻合。一周之后，检查所做的工作是不是与月目标相一致。以此类推，检查我们每个月所做的工作是不是与季度目标相一致、今年所做的工作是不是和我们的人生目标相一致。

在制订日计划之时，一定要清楚地考虑到计划的弹性，千万不能将计划制订在自己的能力所不能达到的高度，而应该制订在自己的能力所能达到的范围，因为我们每天都会遇到一些随时会出现的突发情况，或者领导交办了新的临时任务。如果我们每天的计划都是排得特别满，那么在我们执行临时任务时就必然会挤占我们早就制定好的工作时间，因此原计划就肯定完不成。

久而久之，我们的计划就会失去严谨性，领导也会认为我们不是一个很有时间观念的员工，我们自己对制订计划这项工作也会逐渐产生怀疑心理。

如果计划要做的工作没有做完，我们就应该马上去做，而不是为拖延去找借口。如果一个职场人士总为自己的拖延找借口，不仅会浪费时间，工作效率也难以保证。更重要的是拖延还会消磨人的意志，会纵容人的惰性。因此，一旦拖延形成一种习惯，就会使我们对自己越来越没有信心，总是会不停地怀疑自己的能力、怀疑自己的价值目标，甚至会让我们的性格变得犹豫不决。

◎ 自制力，是实现人生目标的保障

杂而不精和择一而专哪个更好？也许有人会说，杂而不精更好，因为这样的人懂得得更全面；也有人说两者都没有最好，只有更好。但是经过自律的考量，我们要说的是，择一而专更好。

人生的目标不在于多少，而在于是否专一。有的人的目标繁杂不均，不知道该从何下手，虽然目标很多，但是要自己身体力行，能够达成的人却寥寥无几。如果是这样的人，不管过了多久，等到我们回过头再去看的时候就会发现，其实，他们一直在路上，永远都是在岔路口上徘徊，不知道自己该走哪条路。

20 世纪 80 年代，在国内有一位非常出名的花鸟鱼虫画家，在他 16 岁的时候就举办了个人画展。他的作品被选送到美国、法国等国展出，被世人称为“天才画家”，而后种种荣誉铺天盖地地向他涌来。但是，这位画家依然坚持自我，该如何作画还是如何作画，不为名利所动。

在一次画展上，有人走过来问画家："你现在取得了这么大的成就，是什么样的力量让你从众多画家中脱颖而出呢？一路走来，你是不是感觉非常艰难？"

画家微笑着说："其实一点儿都不难，在最开始的时候，我本来是很难成为画家的。在当时，我父母非常希望我能全面发展，我不仅喜欢画画，还喜欢游泳、打篮球，等等，不仅是我父母希望，我也希望我自己能全方面发展，而且各个方面都要有所成就。正在我迷茫、准备全面发展的时候，我的老师找到了我。"

画家继续说："老师拿来一个漏斗和一把玉米种子，让我把手放到漏斗下面接着。老师先把一粒种子放到漏斗上，那粒种子很顺利地就滑落到我的手中了，如此再三，结果都是如此。老师把一把玉米种子都放到了漏斗上，但是因为玉米种子相互拥挤，竟然一粒种子都没有滑落到我的手上。这时，我才知道，人生目标太多，反而会得不偿失，所以我必须找到一件自己最喜欢的事情，然后全身心地投入，这样我才能取得成功。为此，我放弃了篮球等诸多爱好，全身心地投入画画中来，最后才取得了今天这样的成就。"

故事中画家的感悟不可谓不深刻。人生有太多的牵绊，年龄越大，牵绊越多，如果我们被众多不必要的目标所左右，那么我们的人生将会变得杂而不精，长此以往，我们就很难取得大的成就了。心有多大，我们梦想的舞台就有多大。但是我们需要的是专一的目标，如果目标太多的话，舞台的负重就会变大，很有可能承受不住，最后免不了出现倾塌覆灭的危险。

很多人会问：世上的路有千千万，哪一条才是属于自己的康庄大道呢？答案是，能够吸引到你的就是最好的。我们每个人的一生会走无数条路，但是，能够让我们记忆深刻的道路就只有几条；而这几条路，有的让我们获得了成功，有的则让我们失败，但是又要自己觉得已经尽力了就可以。如果尽自己的全力去做一件事，如果还是没有做成，就算失败了，我们也不会觉得后悔。

在人生的千万条道路中，须找到真正适合自己的道路，这样，我们才能发挥出自己的自律意识，才能够让自己不断为之奋斗。你可以在这条路上尽情地奔跑，因为你的激情在这条路上永远都会被感染而不会消退，因为你将会执着于自己的目标，它可以让对它感兴趣的人全身心地投入，永远不知疲倦。

有的人一辈子做了很多事，但是能让后人记住的却一件也没有；有的人一辈子只做了一件事，却让后人记忆犹新。成功者不是处处都比别人强，而是他们比其他人走对了几步路，而这几步路就是自律意识在起关键作用。

很多人总是习惯变换目标，今天确定的目标，明天就会产生怀疑，把自己刚刚确定下来的目标否决掉。有的人常常想，人生目标要慢慢找，欲速则不达，就这样一直找到了最后，纵然到了人生尽头，这些人仍然没有找到属于自己的目标。目标要早早确立，我们在孩提时代就听老人们说过“三岁看小，七岁看老”。确立目标要趁早，奋斗更要趁早。没有目标的人生是可怕的，如此，你的人生将会像一叶浮萍一样，风雨的走向就成了你人生的方向，这样的人生是没有意义可言的。

专一的目标会带领我们走向成功，而在通往成功的路上，我们会感受到目标给我们带来的强大气场。我们都知道佛家以坐禅修身，而坐禅就是专一，就是要求心无杂念，如果心中想得太多、目标太多、尘世纷扰太多，就容易被影响，便根本做不到心无旁骛。目标专一并不是一纸空谈，比如“杂交水稻之父”袁隆平、“两弹一星”功勋奖章获得者钱学森、万有引力的发现者牛顿，等等，正是因为他们有专一的目标，永远都在路上奋斗，最终成就了他们伟大的一生。

我们知道，成大事者不拘小节，但是成大事者更要学会摒弃次要的目标，抓住主要目标，因为主要目标对我们的影响是最强大的，而目标太多，反而会让我们的自律意识分散。我们要做的就是抓住主要目标，舍弃次要目标，让所有的精神力量为自己的主要目标服务，这样，我们的目标才能离我们越来越近，而黎明的曙光也终将会到来。

第11章
自控力之言行管理

你的一言一行都需要靠自律来约束，因为你的一言一行不是走过场，你的每一个动作、每一句话都会影响你身边的每一个人，也会影响到他们对你的看法。所以，越是感觉良好的时候，越要谨言慎行。

◎ 谨言慎行不等于畏首畏尾

“谨言慎行”是指一个人言行举止小心谨慎，能够时刻保持自律自警。从字面上来看，给人的感觉与“畏首畏尾”有些相近。其实，这两个词有着天壤之别。一些人因过分小心谨慎、流于畏缩，我们可以说其“畏首畏尾”，这与“谨言慎行”的本意可谓是背道而驰。

语言是交流思想的工具，但也是引起各种祸端的理由。说出去的话就像泼出去的水一样，很难收回，所谓覆水难收就是这个道理，况且多言取厌、轻言取侮、言多必失。所以，《曾子·修身》上说：“行欲先人，言欲后人。”所以，这就要求我们说话要经过深思熟虑，只有这样才不会流于胡言乱语招惹是非；做事要说做便做，不拖泥带水，只有这样才能养成谨言慎行而又不畏首畏尾之性。

之所以要谨言慎行，是因为言语行为谨慎对于一个人立身、处世具有很重要的意义。古往今来，成大事者无不都是善于谨言慎行的人。也许你还不知道那些不经大脑的言行会为自己和别人带来多少麻烦，而那些麻烦又会为自己和他人的人生留下一个怎样的烙印。

张爱丽待人非常热情，经常给朋友以热情的帮助，可是周围的人却总是很讨厌她。原来，张爱丽在交往中总是会违背言语交际的原则。因此，虽然她主观愿望很好，结果总是帮了忙还不惹人喜爱，事与愿违。

实际上，朋友之间为增进感情而交际，说话随便一点儿压根没有什么。但是，这种“随便”应该掌握好分寸，应该有一个合适的“度”。因为我们每个人心灵中都有自己最隐私的一面。所以在交谈的时候，我们应该顾及对方的自尊，以免让他人陷入难堪的境地。

而张爱丽却完全不考虑这些，她曾对一位很胖的女同事高声说：“哟，你怎么又长膘啦？你爱人净弄什么好的给你吃，把你喂得这么肥啊？”

张爱丽本没有一点的恶意，但是这些话语无疑激起了对方的厌恶，使对方从内心深处讨厌她，不仅达不到亲近的目的，反而还拉开了双方的心理距离。

失去丈夫是人生中最不幸的事情之一，一位好朋友刚刚死了丈夫，正处在守丧期间，张爱丽为了让她不难过，便非常热情地邀请她去看最新出的喜剧片。她笑嘻嘻地说：“装什么装啊！这下子没有人管你了，乐一乐。”这种自认为亲近他人的说话方式无论如何都是非常令人难以接受的，会无情地伤害对方。

我们也许都有这样的体会，生活中往往出现很多这样的情况：有的人在行为上、物质上热心地帮助了别人，但由于在特定场合下措辞不当，使对方的感激之情烟消云散，甚至还产生了反感之情。毫无疑问，张爱丽就是这种人。

张爱丽的言行就是生活中正确说话的一面镜子，我们在言语交际的过程之中一定要引以为戒，不管是说话还是做事，我们一定要能管住自己，不能想到什么说什么、想起什么做什么，这就是没有自控力的体现。一个有自控力的人能够管住自己的言行是最基本的素养，那些口不择言、做起事来不考虑别人感受的人，一定不是有自控力的人，也很难获得成功。

尤其是在现代复杂的社会环境下，如果我们不注意说话的内容、分寸、方式和对象，往往就会祸从口出。要知道，很少有人因为不会说话而后悔的。正像人们常说的那样：你不说话，别人不会以为你是傻瓜。愚蠢的人用嘴说话，聪明的人用脑说话，智慧的人用心说话。

因此，谨言慎行乃君子之道，我们应该学会为自己的言行负责，而不是为它们付出代价。

◎ 谦虚做人，谨慎做事

山原本高大，但处于地下，高大就显示不出来，所以人们往往看到的只是冰山一角。对于人来说，即是虽然德行很高，但能自觉地不显扬，这就是我们说的谦虚之美德。也就是说，谦虚是有才华而不自以为有，有很高的才能和品德却不去自我表现。

任何人在潜意识里都是争强好胜的，自负是人的本性之一。喜欢表现自我本来是人的一种正常的欲望，但任何事物都是过犹则不及。生活中，我们经常会遇到一些总爱过度表现自己的人，他们总喜欢指出别人这件事做得不合适，那件事做得过分，似乎他们什么都行，对什么都可以说出个所以然来。他们之所以摆出这样一副“万事通”的面孔，就是唯恐被人轻视。这种自负恰好是自卑心理的曲折表现。本来，他们炫耀的目的就是要提高自己的地位。殊不知，这样做的结果只能使他们更捉襟见肘、遭人厌恶。东汉末年的杨修就是这种人。

东汉末年，杨修以才思敏捷、颖悟过人而闻名于世，他在曹操的府里担任主簿，为曹操掌管文书事务。

一次，北方来人向曹操进献一盒精心制作的油酥。曹操开盒尝了尝，觉得味道很好，因此连说了两声“好”，随即盖上盒盖，在盒上题写了一个醒目的“合”字后便走开了。

曹操的侍从们凑到了一起，七嘴八舌地议论起来，谁也不知曹操的葫芦里卖的是什么药，决定请杨修来琢磨琢磨。杨修来后，思索了一会儿，便动手打开这盒油酥，一个老文书连忙说：“不要动，这可是丞相喜欢吃的呀。”杨修对大家说：“正是因为它味道好，丞相才让我们一人一口分了吃的。”老文书不解地看着杨修，杨修淡然一笑说：“这盒盖上的‘合’字不正明白地告诉我们‘一人一口’吗?”后来曹操得知杨修猜中了他的心思，心中不禁顿生妒忌之意。

建安十九年春，曹操亲率大军进驻陕西阳平，与刘备争夺汉中之地。刘军防守严密，又逢连绵春雨，曹军出战不利。曹操见军事上毫无进展，颇有退兵的意思。

这天，曹操独自一人吃着饭，同时也在思考下一步的行动。一个军令官前来请示曹操，当晚军中用什么口令。因为军中规定每晚都要变换口令以备哨兵盘查来人。此时，曹操正用筷子夹着一块鸡肋骨，于是脱口而出：“鸡肋。”军令官听后并没有觉察出什么奇怪。

等消息传到杨修耳朵里，他便整理笔札、行装，做离开的准备。一个年轻的文书见状后问道："杨主簿，这天天要用的东西有什么好收拾的？明天还不是要打开吗?"

"不用了，小兄弟，我们马上就可以回家了。"杨修诡秘地一笑说。

"什么？要回家了？丞相要撤退，连点儿蛛丝马迹也没有呀?"小文书不解地看着杨修。杨修淡然一笑，说："有啊，只是你没有察觉到罢了。你看，丞相用'鸡肋'做军中口令，'鸡肋'的含义不就是'食之无肉，弃之可惜'吗？丞相正是用它来比喻我军现在的处境。凭我的直觉，丞相已考虑撤军了。"

消息又传到夏侯惇那里，夏侯惇听了也觉得有理，便下令三军整理行装。当晚，曹操出来巡营时一见，大吃一惊，急令夏侯惇来查问，夏侯惇哪敢隐瞒，照实把杨修的猜度告诉了曹操。而对杨修的过分机灵早已不快的曹操这下抓到了把柄，立即以惑乱军心的罪名把杨修给杀了。

后来的事实证明，曹操虽杀了杨修，但最终还是下令退离了汉中。然而，就杨修而言，他早晚会遭惩治，因为他五次三番地恃才傲物，逞口舌之快，不知道收敛自己、节制自我的表现欲，把小聪明用在一些无用的小事上面，又不顾忌上下尊卑，随心所欲地言行。毫无疑问，正是因为他不够谦逊、不够谨言慎行才招来了杀身之祸。

当然，并不是说我们不能表现自己，有时候，我们可以适当自我表现一下，但一定不要太锋芒毕露，可以用谦虚谨慎的行为来压淡"表现"的棱角，这样才算是两全其美，既不灼伤自己，也不会招致别人的忌妒。

一个人有才能是件值得佩服的事，如果再能用谦虚的美德来装饰，那就更值得敬佩了。事实上，没有一个人能够有足够的资本骄傲，因为任何一个人即使在某一方面有很高的造诣，也不能够说他已经彻底精通，任何一门学问都是无穷无尽的海洋，都是无边无际的天空……所以，谁也不能认为自己已经达到了最高境界而停步不前、趾高气扬。不然的话，则必将很快被他人赶上并超过。

虚怀若谷、虚心好学才能容纳真正的学问和真理，才能取人之长、补己之短，日益完善自己的影响力和人品。

爱因斯坦是20世纪世界上最伟大的科学家之一。然而他在晚年仍在不断地学习、研究。

当有人问他："您的学识已经非常具有影响力了，何必还要孜孜不倦地学习呢?"爱因斯坦并没有立即回答这个问题，而是找来一支笔、一张纸，在纸上画上一个小圆和一个大圆，对那个人说："在目前的情况下，在物理学这个领域里可能我比你懂得略多一些，正如你所知的是这个小圆，我所知的是这个大圆。然而整个物理学知识是无边无际的。对于小圆，它的周长小，即与未知领域的接触面小，它感受到自己的未知少；而大圆与外界接触的这一周长大，所以更感到自己的未知东西多，会更加努力地去探索。"

爱因斯坦一席话，真是令人回味无穷。

的确，只有谦虚才能学得更多的知识。人外有人，天外有天，我们懂得的一切都没有什么了不起的，更不要说想要处处表现自己、好为人师了。

不论你的目标是什么，如果你想要追求成功，谦虚都会是你必要的特质。在到达成功的顶峰之后，你会发现谦虚更重要，只有谦虚的人才能得到长久的成功。

◎ 该低调的时候绝不狂妄

在生活中，我们会发现有这样一种情况：有的人默默无闻的时候显得比较谦虚，但一旦得势后往往居功自傲、恃才傲物、盛气凌人，再也不低调了。这样的人，就是缺少自律的心境，他们会随着自己处境的变化而放任自己的负面情绪。

按照系统论的观点，任何一件事都不是孤立存在的，而是只能存在于一个系统之中。想一想宇宙之大、人际之繁，一人之功、一己之才算得了什么呢？更何况每一个人的“功”和“才”都是要靠着别人的帮助才能实现的。所以，才大而不气粗、居功而不自傲才是做人的根本。

如何能在飞黄腾达之后保持自己的低调作风？答案是需要人的自我约束、自控力。

保持低调的自控力确实很难，家财万贯、掌握大权，却还能低调做人、谦虚谨慎，对于每一个人来说都不太容易。所以，我们一定要有足够的自律精神，要管住自己那颗势力之心。

我国近代著名大学者顾炎武认为，做人的最大美德就是低调自谦。他说：“昔日之所得，不足以自矜，后日之所成，又不容以自限。”

一个人如能感到自己的“吾不如”，就必然会感到自己尚有“吾不知”和“吾不足”，只有这样的人才能真正具有虚怀若谷的品德。众所周知，普京喜欢柔道，有人问他：“柔道对你最大的好处是什么？”普京说：“柔道能锻炼人的勇气，在和人竞技的过程中能看到自己的不足和对手的长处，让练习者懂得尊重对手和保持谦虚。”这就是所谓“吾不如”的境界。

一个人到达了“吾不如”的境界，就能很容易体会到自己的不足。金无足赤，人无完人。即使自己做得再好，也还会有很多不足。越是有自知之明的人，越会知道自己的不足。明代大家方孝孺曾说过：“人之不幸，莫过于自足。”只有知道自己的不足才能找到前进的目标和动力。

老子认为，“兵强则灭，木强则折”、“强梁者不得其死”。老子的这种与世无争的谋略思想深刻体现了事物的内在运动规律，已为无数事实所证明，成为广泛流传的哲理名言。

曾国藩的家书中曾经记载过这样一件事：1858年，曾国藩带领的湘军在与太平天国的战争中取得胜利。而此时，曾国藩的九弟，也是湘军将领的曾国荃开始变得趾高气扬、不可一世。曾国藩知道后，在一个月内连续两次给曾国荃写信，他在其中一封信中写道：

“自古以来，因不好的品德招致败坏的有两个方面：一是长傲，二是多言。尧帝的儿子丹朱有狂傲与好争论的毛病，此两项就归为多言失德。历代名公高官因败家丢命的也多因为这两条。我一生比较固执，很高傲，虽不是很多言，但笔下语言也有好争论的倾向……沅弟，你处世恭谨，还算稳妥，但温弟却喜谈笑讥讽。听说他在县城时曾随意嘲讽事物，有怪别人办事不利的意思，应迅速改变过来。”

曾国藩之所以给他弟弟写这封信，就是因为他知道自己的弟弟在权力到手之后很难保持自律，可能会放任自己的言行，所以才刻意写这封信，提醒他弟弟自律、低调。这封信不仅对他的弟弟有警示作用，同时也告诉我们：人要保持内敛的心态，不要高谈阔论，即使与人谈话，话题也不能永远以自我为中心，不要随便把自己心中的牢骚倾诉给别人，因为你无法保证你的倾诉对象将来不会成为你的敌人。更不要意气用事，那些真正有本事的人都能沉得住气，管得住自己的嘴，以免言多语失。

话说得少，从不妄语，会使人变得有涵养，也更容易显现出自己的威严。相反，不懂得低调的人往往喜爱高谈阔论，殊不知，言多必失，到头来反而容易被他人抓住把柄，让自己陷于被动之中。

富兰克林是美国的政治家、科学家、《独立宣言》的起草人之一，他在美利坚合众国创建时做出了许多功绩，故有“美国之父”之称。

一次，富兰克林去拜访一位前辈。当他准备从小门进入时，因为小门比较低，所以他的头被狠狠撞了一下。出来迎接他的前辈看到这一幕，语重心长地对他说：“很痛吧！这或许是你今天拜访我的最大收获。一个人要想在这世上好好活下去，就必须时时记得低头，这也是我要教你的事情。”

正如富兰克林的前辈所说，人在世上，不管是身居高位、春风得意，还是地位低下、默默无闻，都应该保持低调的行事风格。

一个人做出张牙舞爪的高调行为，非但不会受到他人的尊重，反而会让他人看轻。其实，想要显示出自己的霸气，想要树立威信，那么不妨学会“沉默是金”的低调。

◎ 倾听比倾诉更倾心

在人际交往中，我们常容易犯一个毛病，那就是自己侃侃而谈，完全不顾及别人的感受，这样会很容易让身边的人感觉你比较浮夸、过于自我。所以，我们应该自律一些，把更多的时间用于倾听，多听取身边人的意见或者建议，多去体会他们话语的意思，这样，你身边的朋友才会对你有一个好印象，这是一种倾听的自律，它会让你更加智慧，更能赢得别人的好感。

侧耳听智慧，专心求聪明。每个人都希望被别人了解、理解，所以，人们才有了说话的欲望以及表现自己的欲望。但是，凡事有度，如果话太多，只会让别人反感。我们应该做的是设身处地地为他人着想，站在对方的角度去思考问题，管好自己的嘴巴，该说的时候说，不该说的时候就认真地听，这样才能让身边人感受到你对他们的尊重。

很久以前，有一个小国派遣使者到另一大国朝拜，这名使者带来了三个一模一样的小金人，活灵活现，皇帝非常高兴。使者不仅送来了三个金人，而且还提出了一个问题："这三个金人哪个最有价值?"

皇帝为此想了很多办法：命人去称三个金人的重量，并且让能工巧匠去研究小金人的做工，但是比较了半天，也没发现这三个金人有任何差别，皇帝便着急了，心中不免质疑：天朝上国怎么能连小国的问题都答不出来?

这时，有一位大臣站了出来，他准备了三根稻草，当稻草插入第一个金人耳朵里的时候，就从另外一只耳朵里出来了；当稻草插到第二个金人耳朵里的时候，就从嘴巴里出来了；当稻草插入第三个金人耳朵里的时候，就到了肚子里，再也没出来。

大臣说："第三个金人最有价值。"

皇帝若有所悟，奖赏了大臣。

而后，使者听了这个答案后也点头称是："真正有能力的人，是会倾听、会思考的人，而不一定是最能说的人。"

最有才华的人不一定是最能说的人。老天给了我们一张嘴巴和两只耳朵，为的就是要我们少说多听。生活中，我们要善于倾听，只有用心去倾听，才能及时了解别人的想法。善于倾听才是一个人成熟的表现。

有些人认为，自己说话越多，就显得越有才华。其实，这种想法是非常错误的，真正有大智慧的人绝不会滔滔不绝，而是会聚精会神地倾听。倾听是舌灿莲花的前提，因而更要有侧重点，要学会过滤，只有这样，倾听的重要作用才能发挥出来。

倾听是一种智慧。当你在意某个人的时候，你才会愿意静下心来倾听；反之，也就不会有这样的耐心了。倾听更是一种慈悲。因为你可以站在对方的立场去思考问题、去帮助对方解决问题，这才是真正的朋友应该做的。

舍弃不必要的话语，认真倾听，才能听懂一个人的心。等到你专心听完对方说的话之后再发言，就会显得更有力度。放下说话的冲动，先去倾听，听到别人的需求，才能用最简单的话语打动对方。

倾听可以让我们感受到对方心底的声音，如果我们只是滔滔不绝地去说，只会让最真实的声音消失。倾听可以给人一种随和的感觉，还可以让人感觉到你的真诚。倾听是我们每个人内心的需求，我们需要别人了解自己，需要朋友知心，最重要的就是需要对方的倾听与理解。

俯下身去倾听，往往可以听到别人心底的声音，不管如何，你愿意听，对方愿意说，这样才能让彼此之间的关系更加融洽。不要过于虚荣，总想表现自己，否则只会让你丢失对别人的尊重，如果长此以往，你就会失去越来越多的朋友。

知人知面，不如知心，知心要从哪里开始？就是要从倾听开始，倾听是了解一个人的最佳方式，倾听能让你在最短的时间里了解到更多的信息，只有通过倾听，你才能获得越来越多的朋友，才能获取成功。

◎ 退一步方能海阔天高

人们常说，病从口入，祸从口出。说话的时候很有可能出现歧义，会让别人误解，这就要求我们学会“说话”，让自己说错的话语在脑海里沉淀一下，然后再想想让误解消失的方法，这就要求我们顺着对方的思路说，慢慢把对方带到自己的思路中。一个人是否成熟、自律，能不能管住自己的嘴就是一个很重要的标准。

在现实生活中，经常会出现言者无心，听者有意的情况。也许我们感觉自己说的话本意是很好的，但是传到别人耳中也许就不是如此了。有时，被误解也是人之常情，毕竟，我们从嘴中说出的话语是我们内心的表达，而对方又不十分了解我们，无法知道我们话语中所要表达的正确思想。但是面对别人的误解，我们需要控制自己的逆反情绪和攻击欲望，适当忍让，然后再去解释，用简单易懂的语言来阐述自己的思想，这样才会消解对方的怨气。而这就需要我们有足够的自控力。

刘先生在他订购的酸牛奶中发现了一小块玻璃碎片，于是前往牛奶公司投诉。不用说，他的情绪是十分愤怒的。一路上他已经打好腹稿，并想出了许多尖刻的词语。一到总经理办公室，连自我介绍都省略了，把王经理伸出的友谊之手拨向一旁，将“重磅炮弹”掷向王经理：

“你们牛奶公司，简直是要命公司！你们都掉进钱眼里去了，为了自己多赚钱，多分奖金，把我们千百万消费者的生死置之度外……”

好在这位王经理经验丰富，面对这么强大的刺激，毫不动怒，仍旧诚恳地对他说："先生，究竟发生了什么事？请您快点告诉我，好吗？"

刘先生继续激动地说："你放心，我来这里正是为了告诉你这件事的。"说完，从提袋中拿出一瓶酸奶，"砰"的一声，重重地往办公桌上一放，说："你自己看看，你们做了什么样的好事！"

王经理拿起酸奶瓶仔细一看，什么都明白了。他敛起笑容，有些激动地说："这是怎么搞的，人吃下这东西是要命的！特别是老人和孩子若吃到肚子里去，后果不堪设想！"说到这里，王经理一把拉住刘先生的手，急切地问："请你赶快告诉我，家中是否有人误吞了玻璃片，或被它刺伤口腔。咱们现在马上要车送他们去医院治疗。"说着，他抄起电话准备叫车。这时候，刘先生心中怒火已十去八九了，他告诉王经理说，并没有人受伤。王经理这才转忧为喜，掏出手帕，擦擦额头上沁出的汗珠说："哎呀，真是谢天谢地！"接着王经理又对刘先生说："我代表全公司的干部、职工向您表示感谢。因为您为我们指出了工作中的一个巨大的事故隐患。我要将此事立刻向全公司通报，采取措施，今后务必杜绝此类事情发生。还有，您的这瓶牛奶，我们要照价赔偿。"

王经理的这番话，一下子把气氛给缓和了不少。刘先生接过那瓶奶钱的时候，气已经全消了，而且还有点内疚："经理是个这么好的人，我开始真不该给他扣那么多的帽子。"接下去，他便开始向王经理建议，该采取什么样的措施才能避免此类事故继续发生。结果越谈越融洽，这才发觉原来双方都是站在一个立场上。

面对刘先生的满腔怒火，王经理并没有针锋相对，而是冷静退让，适时引导。这样理智的做法不仅平息了刘先生的愤怒，还巩固了与客户的关系。其实，不论在任何时候，我们都要学会忍让，这是每个人在任何岗位都应掌握的，因为忍让可以消除误解，让我们站在对方的角度去思考，说出让对方能够坦然接受的话语。只有这样，双方才能相互理解，展现出交流沟通中最美好的一面。

“往前一步是黄昏，退后一步是人生。”适当的时候，学会退让就是成功。说话也是如此，当你希望把自己的思想传达给别人的时候，就应该学会忍让，做事说话都要留一线余地。学会退让并且管好自己的嘴，才能让自己少犯错误。

张谦和王雪两人是青梅竹马。在学生时代，两个人都很好强，当时，张谦的眼中只有学业和爱情，并没有感受到多大的压力。王雪发火的时候，张谦总是习惯性地温柔劝解，忍让着王雪。

大学毕业之后张谦和王雪就结婚了，从大学到工作，张谦和王雪都完成了人生的转变，有了自己的家庭，两个人感觉自己肩上的担子又重了。

两人每天仍然会有不愉快。王雪每天都会为了一些鸡毛蒜皮的小事和张谦争吵。而张谦初入职场，工作的压力便铺天盖地地压到了他的身上，这已经达到了他的心理极限，再加上王雪每天的牢骚，这让他实在不能忍受。

人都有个忍耐的限度，工作的压力让张谦无处发泄，对待王雪的牢骚，张谦就再也没有往日的温柔细语，取而代之的却是无情的反驳。

几个月之后，他们之间的矛盾更加激化，两个人谁都不愿让步。最后，两个人以离婚收场。

生活中，人们每天都要背负众多压力，谁都想回到家中卸下一天的疲惫，如果连这点儿要求都满足不了，只会让爱情支离破碎。其实在其他地方也一样，在遇到口角之争时，我们不妨变得自律一些，管好自己的嘴，退让一步，也许事情就会有转机。

◎ 言不在多，达意则灵

从一个个交际失败的事例中，我们体会最大的就是“言多必失”。好的语言并不在于多么精美，扣人心弦则好。但是很多人往往管不住自己的嘴，常常是长篇大论，想说什么说什么，最后给自己带来了无尽的麻烦，所以我们需要自控力来控制自己这张嘴。

某位已逝著名艺术家的妻子是一位作家，也是一位企业家。

有一次，别人问她会不会再嫁，她爽朗地回答说：“我已经嫁给大海，就不能再嫁给小河了。”这句话非常简洁明快，但是意蕴之深刻绝对让人寻味万千。

高尔基曾说：“简洁的语言中有着最伟大的哲理。”在当前这个信息时代，我们的生活节奏加快了很多，人们都不再喜欢那些繁杂冗长的空话及套话。因此，我们说话要达到简洁明快、思路清晰。不过，不要因为词语贫乏而词不达意、思维模糊、语无伦次。所以，我们在说话时应要求自己长话短说，要“过滤”出最精辟的语言，恰如其分地表达出自己的意思。

1863年11月19日，美国总统林肯应邀到某典礼上做演讲。不过，因为这次仪式的主讲人是艾弗雷特，林肯只是因为是总统才被邀请。所以，他排在艾弗雷特之后“随便讲几句适当的话”。艾弗雷特是个著名的政治家，也是一个很有学问的教授，而且是当时被公认的全美最会演说的人，尤其是擅长纪念仪式上的演讲。因此，在这个典礼上，他那长达两个小时的演讲打动了到场的每一位来宾。

那么，在这样一种情况下，林肯该怎样讲才能和观众建立良好的互动关系，最终赢得大家的掌声呢？答案是以简洁合理取胜。结果林肯大获成功，他的演讲只有短短的十句话，从上台到走下台来总共也不过两分钟，可掌声却整整持续了十分钟。

林肯的这场演讲不仅赢得了每一名听众的掌声，而且还轰动了整个美国，当时的报纸评论说："这篇短小精悍的演说是无价之宝，感情深厚、思想集中、措辞精练，字字句句都很朴实、优雅，行文完全无疵，完全出乎人们的意料。"

艾弗雷特也在第二天写信给林肯，说道："我用了两个小时才接触到了你所诠释的那个思想，而你仅仅用了两分钟就说得清清楚楚。"后来，林肯这篇出色的演讲词被铸成金文存入牛津大学图书馆。

林肯的这次演讲获得巨大的成功，给了人们一个重要启示：简洁明快的语言会使我们说的话更有魅力。

在人际交往中，要想得到不错的效果，那么我们的语言必须简洁明快，要能使每一个倾听者在较短的时间里收获到较多并有用的信息。历史上曾记载了一些"前无古人，之后未必有来者"的冗长的演讲记录，但是这些演讲绝对不能称为优秀。

1933 年，美国一位名叫爱尔德尔的国会参议员在反对通过"私刑拷打黑人的案件归联邦法院审判"的法案之时，他在参议院里整整演讲了五天。根据一位记者统计，他在演讲台总共踱了 75 公里，吃了 300 个夹肉面包，做了大约 1 万个手势，还喝了大概 40 公斤饮料。

1957 年，斯特罗姆·瑟蒙德在阻止"民权法案"通过时发表的演讲整整历时24小时18分，结果还是以失败告终。

1912年，英美战争期间，一个美国议员希望用马拉松式的演讲来阻止美国国会通过对英宣战的决议。于是，这位议员一直说个不停。时至半夜，听众席上早已经是鼾声四起。最后，另一个议员气急之下将一个痰盂甩到演讲者的头上，这场演讲才结束。

“言不在多，达意则灵。”字字珠玑、简练有力能够让人有谈兴；而拖拖拉拉、语句唠叨、不得要领的谈话，肯定会令人生厌。世界历史上，不少演讲大师都惜语如金、言简意赅，因此留下了许多“善辩者寡言”的典型。

例如，最短的总统就职演说——1793年华盛顿总统的就职演说，仅仅用135个字便说完了一切，最后闻名于世；恩格斯在马克思墓前的演说总共只有1260个字而已；列宁在马克思、恩格斯纪念碑揭幕典礼上的讲话也只有552个字；1984年7月17日，已经快40岁的法国新总理洛朗·法比尤斯发表了短得出奇的演说，演讲词只有两句：“新政府的任务是国家现代化，团结法国人民。为此要求大家保持平静和表现出决心。谢谢大家。”其措辞委婉利落，内容精辟有深度，绝对是最好的演讲之一。

简洁明快的语言能够大大提升人的认识能力和思维能力，也是这两项能力的高超载体。因此，话语的简洁经常体现出说话人分析问题的快捷性和深刻；简洁明快的语言体现出的是果敢决断的性格。作为自信心强且办事果敢的人，他们说话时都干脆果断，从不会拖泥带水。说话简洁往往会给他人一种很有激情的现代人的感觉。

所以，简洁明快的话语应该还是时代风貌的一种反映。简洁的话语就是不占用听者太多的时间，而且必须能使听者觉得说话者很尊重他。

对于人来讲，一言一行看起来简单，却需要管好自己，不能过于放纵自己的言行，这就需要我们用自控力来约束自己。

第 12 章
自控力之时间管理

时间对于每个人来说都是平等的。每个人一天的时间都是 24 小时，没有人会多一分钟或少一分钟。所以，决定个体生命高度和质量的不是时间本身，而是把握时间能力的大小。如何才能在最有限的时间内做最多的事情是我们一生都要思考的课题。

◎ 学会控制好时间

一个有自控力的人，首先应该是一个管理时间的高手。

所谓时间管理就是指在同样的时间耗费状态下为提高时间的利用率而实施的控制工作。我们可以通过时间管理克服浪费时间的坏习惯，从而使我们的行动更有效率。实践也表明，那些高效能人士都有着非常好的时间观念和强烈的事业心，他们对于时间有着非常强的紧迫感，因此他们总是能自觉、科学地去管理好自己的工作时间。

世界著名管理学大师彼得·德鲁克在总结有效的管理者应具备的素质时说："我们要对自己提出五项要求，其中第一项就是对于时间的管理。"他还说："高效能的管理者一定要清楚他们将时间应花在什么地方。他们所能控制的时间并不是无限的，因此他们必须学会系统地安排时间，这样才能充分利用有限的时间资源。”他还大声疾呼：“时间是最宝贵稀缺的资源。除非时间能够被妥善地管理，否则所有的工作都将无法被妥善管理。”可见，时间管理是否成功绝对能影响一个人事业的成败。

罗伯行·列文教授在《时间地图》一书里提出：“当手表上的时间支配了一切，时间就会变成有价值的商品。手表时间观的文化将我们的时间视为一成不变的、直线式的，且是完全可以衡量测定价值的商品。所以，我们必须牢记富兰克林曾经提出的忠告：“千万不要忘记，时间就是金钱。”

如今，我们常常引用这句“时间就是金钱”来表现时间的弥足宝贵。而在古老的中国，古人也曾经以“一寸光阴一寸金”来形容时间的宝贵。

假设以一个人一年的收入为标准，那么不同年薪的人一小时或一天的价值就截然不同。时间是有价的，也是无价的，因为谁也没有办法用金钱去衡量时间，它无法像金钱一样蓄积。正因为此，我们的老祖先才说“寸金难买寸光阴”；也正因为此，我们必须要学会时间管理，让自己变成一个高效能人士，能够通过对时间的高效管理让自己在有限的时间内创造出比别人创造高得多的时间效益。

在我们的日常工作和生活中，管理时间就是要着眼于当下。要知道，我们的所有工作不是都非常着急，更不是都非常重要的。

在时间管理上，我们不妨采用“ABC 控制法”。所谓“ABC 控制法”就是根据工作中的各个项目的重要和紧迫程度按照最重要、较重要和次重要三种情况划分为 A、B、C，然后有区别地去管理时间的有效方法。

查尔斯·舒瓦普曾在担任美国伯利恒钢铁公司总裁一职的时候，向当时的管理顾问艾维·利提出了一个非同寻常的挑战：“请告诉我，该怎么做才能在办公的时间内做正确的事？如果您给了我满意的答复，那么我将支付给您一大笔的咨询费。”

于是，艾维·利递了一张纸给他，并对他说：“把您明天必须做的事情写出来，先从最重要的那一项工作写起，写完之后，再按照纸上写的去做，直到完成所有的工作为止。然后，您再重新检查您的工作次序，看看有哪个漏掉了。倘若其中有一项工作直接花掉了您整天的时间，那么您也不用担心，只要您手中的工作是最重要的，那么就请您继续坚持做下去。如果按这种方法，您依旧无法完成所有的重要工作，那么换用其他的方法也同样无效。如果您能将上述的这些变成每一个工作日里都能去坚持的习惯，那么我这个建议对您产生良好的效果时，您就该给我支付那张大额支票了。”

几个星期之后，查尔斯·舒瓦普寄了一张25000美元面额的支票给艾维·利，并附言说他确实改变了他的工作效率。可以说，伯利恒公司后来能够成为世界上最大的独立钢铁制造企业，跟艾维·利有着巨大的关系。

实际上，艾维·利给查尔斯·舒瓦普提供的就是“ABC控制法”。

“ABC控制法”的操作过程是这样的：

A. 最重要的工作，这类工作为“必须做的事”。例如，约见非常重要的客户、重要的日期临近、能给你带来成功的机会等。

B. 较重要的工作，指“应该做的事”。这类工作比较重要，但比起A类事务来说不是非常重要。

C. 次重要的工作，指“可以去做的事”。相对前两类工作，这类工作是价值最低的。这类工作可以靠后，如果去做的确没有时间，就可以授权其他人去做，甚至完全忽略。

通过上面的讲述，具体到我们的工作中，就先要对所有工作按其重要性进行规划，对 A 类工作，我们应该毫无疑问地要进行重点的管理；而对于 B 类工作，就要进行比较重要的管理，对 C 类工作只需要一般管理即可。这样做的好处就是能够让我们在有限的时间里以最快的速度去处理好最重要的事情。

我们自然也可以将工作按重要程度分为 A、B、C 三个类别，分别写在三张白纸上，把相对重要的 A、B 两张放在 C 上面。这样一来，当我们要从事 C 类工作的时候，马上就会意识到 A、B 两类工作还没有做完，从而更好地运用时间。

一个人一天所做的事情，其重要程度不同，同样，一个人一天的精力分配也是不平衡的，因此有必要根据自己的精力合理安排、使用好时间。

在制定工作日程之时，我们往往会因工作性质、工作状况和性质不同进行不同的安排。总体来说，应遵守以下几个原则：

(1) 将重要的工作项目作为中心项目，制定一天的工作日程；

(2) 将今天必须第一个要做而且坚决要做完的工作列为中心，制定一天的工作日程；

(3) 将工作日程与自己的身体状况和能量曲线进行相应的匹配。在精力充沛之时，尽量去做那些最富有创造性又最有挑战性的工作项目。

◎ 合理利用时间，使其增值

在成功者的眼里，时间是比金钱更有价值的东西。所以，浪费时间的后果就等于浪费了更多的金钱，所以成功者是绝对不会浪费时间的，他们对自己时间的管理是十分精细的。

对于时间管理的精确把握来源于自律精神，这种自律精神不是一味蛮干的自我约束，而是对时间的支配。我们都有这样的体会：在和一些人约会时，不是说要约到几月几号，而是必须要精确到几时几分才行。对于他们来讲，迟到是绝不容许的事情。在他们处理文件的时候，所有的客人都要等候。就是这些时间的细节让他们的效率变得更高，让他们的财富积累速度更快，也让他们更成功。

很多人对于时间的精确控制体现在他们的工作上，下班铃声一响，即使是打字员还有10个字没打完，他们也会立刻走人。不要以为下班就走的打字员不够自律，相反，他们拥有极强的自律精神，否则他们也不可能按照自己的时间表来约束自己的一切行为。时间观念让拥有自律的人工作效率大大提升。

犹太人非常善于管理时间，他们喜欢把时间与金钱进行换算。

有位月收入为20万美元的犹太商人曾经算过这样一笔账：他每天可以挣到8000美元，那么平均下来每分钟就有17美元的进项。如果有人浪费了他5分钟的时间，就相当于他被偷了85美元。因此，犹太人在工作时会拒绝一切没有预约的访客。

还有这样一件事可以反映犹太人对于时间和金钱关系的处理方式。

日本一家著名百货公司的年轻职员为了在纽约搞一个市场调查而直接跑到了一个犹太人开的百货店，贸然叩开了该公司宣传部主任办公室的大门，对这个主任说他需要对方的5分钟时间来做一个调查。但是这位犹太人却毫不犹豫地拒绝了这个职员的这个要求，并且说："我之所以拒绝你，是因为你没有预约，而现在我在工作，不允许任何人来打扰我，你的到来会对我的工作造成不利的影响。"

对于坚信"时间就是金钱"的犹太人来说，"不速之客"是妨碍他们工作的绊脚石，除了拒绝他们，再没有更好的办法了。

很多人在谈判的时候喜欢用一些无关紧要的话作为话题的开始，比如说：“今天天气不错啊”等等。但是成功者则更喜欢直奔主题，他们在做事的时候会把每一分钟的实践都利用到实处。

钻石商巴奈·巴纳特是南非的首富。最开始，他带着40箱雪茄烟作为原始资本来到南非。他用这些雪茄烟与钻石矿上的商人换取了一些钻石，赚取了他的第一桶金。从那以后，在短短的数年间，巴纳特便成为一个富有的钻石商人和从事矿藏资源买卖的经纪人。

巴纳特的赢利周期很有特点，每个星期六是他挣钱最多的日子，因为这一天南非的银行营业时间比较短，巴纳特可以用更多的时间去购买钻石。而在这一天购买钻石，他不用掏现金，因为这一天银行不营业，所以他总是用空头支票来换取钻石。也许有人会说，这有什么用呢？一天以后，他不是还得付出相同的钱吗？大错特错，因为巴纳特这样做等于让原本已经不是自己的钱在银行的账户上多存了一天，对于钻石这种大宗生意来说，这一天的利息也是非常可观的。

从这个例子我们就可以知道犹太人对于时间的利用几乎已经到了不可思议的地步。当别人用力气赚钱的时候，他们就已经开始用时间赚钱了。也许就是这个细节、这种对时间的苛刻要求让他们比别人更快一步，拥有了比别人更多的财富。

在竞争激烈的市场中，谁在市场上第一个打出自己的王牌，谁就能获得比别人多得多的利润，尤其是现在人们经常会用到的电子产品，即使只比对手快一个月上市，那么比对手获得的收益就会多出不少。例如当年的电子手表，刚上市的时候每块卖到几十美元乃至几百美元，但是当这类产品逐渐多了起来之后，价格就在短时间内大幅度下降，每块售价只有几美元。因为犹太人比别人更注重时间的细节，所以他们能比别人快上几个月，因此他们能获得比别人多得多的利润。

时间虽然多体现在细节上，但实际上却是决定成败的关键因素。根据众多的企业核算，经营费用中有70%左右都要花费在占用资源的利润上。如一个企业一年通过银行融资5亿元，如果不在第一时间让这些资金滚动起来的话，就要支付超过6000万元的利息。如果该企业能把握好一切时间有效利用这些资金，那么最少可以节约一半的利息。

每一个人的精力和时间都是非常有限的，怎样高效地分配精力与时间造成了普通人与成功人之间的差距。普通人总是将主要的时间与精力都放在一些无关紧要的事情上，而成功人士则把主要时间与精力放在最重要的事情上。不能高效地使用精力和时间，怎么会产生好的结果呢？

美国前国务卿基辛格曾经担任过哈佛大学教授，当他把自己所担任的总统顾问的职务与大学教授的工作进行了一番对比后，说："之前，我总是按自己认为合理的方式去工作，把某一件事情做完为止。直到后来，我才发现，人必须把很多的工作放在优先次序中展开，并坚决去做优先要做的那些重要的工作。"

一位美国富商也说过这样的话："你所做的一切都必须是你认为的最重要的，以重要顺序展开工作，就能够将工作做到最好。"

要想高效利用精力与时间，首先要合理地将工作按照紧急与重要程度进行划分，遵从重要性优先的原则，将你的大部分时间与精力都投入到很重要的工作中去，只有先完成重要的工作，才能让自己更高效地工作。

因此，你千万别把重要的工作都推到最后去做，更不要整天总是集中精神在一些无关紧要的事情上。不要让自己被太多的琐事所缠绊，一定要留出足够的时间去处理紧急的工作。

是的，要想取得成功，首先要考虑的问题就是合理地利用时间。如果一个人不懂得如何去经营时间，那他就会面临被淘汰出局的危险。如果你能管理好自己的时间，那么你就能赢得时间给予的一切，就能赢得自己的未来。

有的人认为自己时间很多，但是有些人却唯恐时不我待。事实上，时间对每一个人来说都是一样多的。同样的时间，善于利用时间、善于安排细节的人则可以多做很多事情。鲁迅先生曾经说过，时间如同海绵里的水，只要愿意挤，总还是有的。商人的时间也是如此，要想赚钱，首先就要学会挤时间。会赚钱的商人是很能精打细算地安排时间的。因此，要成功，就要合理地运用时间，别浪费空闲的时间。

◎ 把时间用在刀刃上

在一切以快制胜的现代社会，时间管理是现代人必备的一项工作技能，是提高一个人工作效率最有效的“武器”。一个人的工作是否有效率、是否具有满足感，在很大程度上取决于他是否能够合理地管理和利用好自己的时间。在最少的时间内做好更多的事，才算把时间用在刀刃上。

你也许会对社会上那些著名的企业家、政治家感到怀疑，他们每天有那么多事情要处理，还能将自己的时间安排得有条不紊。他们不但能抽出时间阅读自己喜欢的书籍，以休闲娱乐来调剂身心，并且还有时间带着全家出国旅行，难道他们一天的时间不是 24 小时吗？正确的答案是他们比别人更善于有效利用时间。

在美国企业界里，与人接洽生意能以最少时间产生最大效率的人非金融大王摩根莫属。为了珍惜时间，他甚至招致了许多怨恨。但实际上人人都应该把摩根作为这一方面的典范，因为人人都应具有这种珍惜时间的美德。

摩根每天上午9点30分准时进入办公室，下午5点准时回家。有人对摩根的资本进行过计算后说，他每分钟的收入是20美元，但摩根认为不止这些。所以，除了与他生意上有特别关系的人商谈外，他与人谈话绝不超过5分钟。

通常，摩根总是在一间很大的办公室里与许多员工一起工作，他不是一个人待在房间里工作，而是随时指挥他手下的员工按照他的计划去行事。如果你走进他那间大办公室是很容易见到他的，但如果你没有重要的事情，他是绝对不会接待你的。

摩根能够准确地判断出一个人来接洽的到底是什么事。当你对他说话时，一切拐弯抹角的方法都会失去效力，他能够立刻判断出你的真实意图。这种卓越的判断力使摩根节省了许多宝贵的时间。

如今，快节奏的工作和生活让很多人觉得紧张而忙碌。如果你想调剂好自己的工作和生活，就必须学会有效利用时间。善于利用时间不仅可以完成许多事情，还能拥有轻松自在的生活。

一位部门主管因为患有心脏病，遵照医生的嘱咐每天只上班三四个小时。但他很惊奇地发现，这三四个小时所做的事在质和量方面与以往每天花费八九个钟头所做的事几乎没有两样。他所能提供的唯一解释便是：他的工作时间既然被迫缩短，他只好做出最合理有效的工作安排。这或许是他得以维持工作效能与提高工作效率的主要原因。

由此可见，做好时间管理、把时间用在刀刃上是提高工作效率、提升工作价值的重要方法。那么，怎样做才能成为一名运筹时间的高手呢？下面提供几种能有效运筹时间的方法：

1. 把握时机

机不可失，时不再来，抓紧时间就可以创造机会。没有机会的人，往往都是任由时间流逝的人。很多时候，机会对每一个人来说都是均等的，行动快的人会得到它，行动慢的人会错过它。所以，要抓住机会，就必须与时间竞争。

2. 合理安排自己的时间

现代人从事企业工作，重要的是对于时间的管理。很多企业人十分辛苦，每天早出晚归、疲于奔命，但如果加以认真研究，便可发现，他们所做的许多工作是在白白浪费时间，结果大事抓不了，小事也抓不到，所以企业人应有自己的时间安排，抓住关键、掌握重点。

3. 利用好零碎的时间

争取时间的唯一方法是善用时间。把零碎时间用来从事零碎的工作，从而最大限度地提高工作效率。比如，在车上时、在等待时，可用于学习、思考或简短地计划下一个行动。充分利用零碎时间，短期内也许没有什么明显的感觉，但经年累月将会有惊人的成效。

4. 利用“神奇的三小时”

被人们称为时间管理大师的哈林·史密斯曾经提出过“神奇的三小时”的概念。他鼓励人们自觉地早睡早起，每天早上 5 点起床，这样可以比别人更早地展开新一天的活动，在时间上就能跑到别人的前面。利用每天早上 5 点至 8 点这“神奇的三小时”，你可以不受任何人或事的干扰，做一些自己想做的事。每天早起三小时就是在与时间竞争，养成早起的习惯，就会让你受益无穷。

5. 在更少的时间内做更多的事

我们不论干什么事情都要讲求效率，效率高者则事半功倍，反之则事倍功半。正如哈林·史密斯所说：“工作中，经过不断地失败，我逐步地发现如何在同样的时间内做更多的事情是值得每一位希望有效管理时间的人认真思考的问题，因为只有这样才能使自己获得更多的时间，也才能遇到更多的机遇。”提高时间利用率、让时间增效是做好时间管理的重要方法。

◎ “二八法则”记心中，关键的20%不落空

对每个渴望成功的人来说，时间是最重要的资产，但任何一个人的时间都是有限的。学会有效地管理时间，高效地运用每时每刻，把 80%的时间花在能获得关键效益的 20%的事情上。

金钱可以被储蓄，知识可以被累积，时间却是不能被保留的，也是非常有限的，我们必须有时间管理观念，控制好时间的钟摆。唯有如此，我们才能摆脱忙碌紧张的状态，有更多的时间做对的事情。

在实际生活中，我们经常看到有些人“两眼一睁，忙到熄灯”，整天忙得不可开交，像是陷入了忙碌的旋涡之中，但是其所做的事情却不见得有什么大成效。仔细分析后我们将会发现，不懂时间管理是首要原因。

美国的时间管理之父阿兰·拉金说：“勤劳不一定有好报，要学会掌控你的时间。”掌握时间的钟摆，首先要明确工作的主次。不分轻重缓急地工作，把时间用在没有多大意义的事情上是浪费时间的首要原因。

我们先来看一个例子。

著名的设计师安德鲁·伯利蒂奥曾经是一个疲于奔命的工作狂。

他每天把大量的时间用在设计和研究上，除此之外，他还负责公司很多方面的事务。他风尘仆仆地从一个地方赶到另一个地方，不放心任何人，每一件工作都要自己亲自参与了才放心，所以他看起来忙碌极了。

“为什么你整天忙得晕头转向?”有人问。

安德鲁无奈地说：“因为我管的事情太多了，而我的时间又太少了!”

时间长了，安德鲁的个人设计受到了很大影响，常常到最后关头才拿出作品，并且因为时间紧凑，作品的质量常常不尽如人意，更别提取得令人骄傲的成绩了。安德鲁对此很不解，便去请教一位教授。

教授给出的答案是：“你大可不必那样忙。管理好你的时间，做对你的事情就行。”

正是这句话给了安德鲁很大的启发。他突然发现自己虽然整天都在忙，但能产生真正价值的事情实在是太少了。这样做实在一点儿好处也没有，反而会制约目标的实现。

从此，安德鲁调整了时间分配，他洒脱地把那些无关紧要的小事交给助手，自己则把时间集中用在设计工作上。不久，他写出了《建筑学四书》，而后此书被称为建筑界的“圣经”，无疑，他成功了。

对每个渴望成功的人来说，时间是最重要的资产，每分每秒在逝去之后就再也不会回来，成功的关键在于如何掌控自己的时间节奏，高效地运用每时每刻。学会有效地管理时间，才能保证做事的效率，这就涉及管理学上的“二八法则”，即意大利经济学家帕累托所提出的“80/20 法则”，即要把 80%的时间花在能获取关键效益的 20%的工作上，掌握了这个法则，自然就能忙到点子上、忙出高效来，进而缔造成功。

管理顾问瑞克希就是一个出色的时间管理者，他总是能够高效地利用自己的时间，坚持用80%的时间做20%的最重要的事，因而，他的成功看起来轻松。下面就来看看他是如何做的，相信能够得到不少的启示。

瑞克希并不是工作狂，他逍遥自在、业绩斐然。

瑞克希的手上从未同时有三件以上的急事，通常一次只有一件，其他的则暂时摆在一旁，而且他会把大部分时间拿来思索那些最具价值的工作，比如公司的总体发展规划、年度工作任务、行业发展前景等。

瑞克希只参加重要客户的会议，走访一些重要的顾客，然后把所有精力拿来思考如何实现与重要客户的交易以及公司如何能够获得最大利益，接下来再安排用最少的人力达成此目的。

瑞克希把产品的知识传授给下属，时常会观察公司中谁是某项工作最合适的执行者，确定对象后，他会将下属们叫到办公室，说明他对每一个人的要求，让他们放手去做，而自己做的只是时常盯一盯工作的进度。

瑞克希的事例告诉我们，那些做事高效的人不会像老黄牛那样只知道一味地做事情，而是懂得把有限的时间放在最重要的事情上，利用有限的时间创造出最大的价值。一个人的价值大了，成功的资本也就强大了。

“二八法则”又称为“80/20法则”、“帕累托法则”、“最省力法则”、“不平衡原则”等。帕累托从研究中归纳出这样一个结论：如果20%的人口拥有80%的财富，那么就可以预测出10%的人将拥有约65%的财富，而50%的财富是由5%的人所拥有的。“二八法则”无时无刻不在影响着我们的生活，然而人们却对它知之甚少。

当我们把“二八法则”应用到时间管理上时，就会出现以下假设：一个人大部分的重大成就，包括一个人在专业、知识、艺术、文化或体能上所表现出的大多数价值都是在他自己的一小段时间里取得的。如果快乐能测量的话，则大部分的快乐发生在很少的时间内。而这种现象在多数情况下都会出现，不论这种时间是以天、星期、月、年，还是以一生为单位来度量，用“二八法则”来表述就是：80%的成就是在20%的时间内取得的；反过来说，在剩余的80%的时间内只创造了20%的价值。换言之，一生中80%的快乐发生在20%的时间里，也就是说，另外80%的时间只获取了20%的快乐。

如果承认上述假设，那么你将得到四个令人惊讶的结论。

结论一：我们所做的事情中，大部分是低价值的事情。

结论二：在我们所有的时间里，有一小部分时间比其余的多数时间更有价值。

结论三：若我们想依此采取行动，我们就应该采取彻底的行动，只做小幅度改善没有意义。

结论四：如果我们好好利用20%的时间，将会发现，这20%的时间是用之不竭的。

由此可见，只有养成做要事的习惯，对最具价值的工作投入充分的时间，工作中的重要的事才不会被无限期地拖延。

要掌握正确的工作方法，提高自己的工作效率，我们就要坚持要事第一，把握好关键的20%，分清楚事务的轻、重、缓、急，将自己的主要精力集中在最重要的事情上。

凡事都有轻重缓急，最要紧的事情应该优先处理。大多数重大目标无法达成的主因就是因为你把大多数时间都花在次要的事情上。所以，你必须学会根据事情的核心价值排定日常工作的优先顺序。建立起优先顺序，然后坚守这个原则，并把这些事项安排到自己的例行工作中。

我们每个人每天面对的事情按照轻、重、缓、急的程度可以分为以下四个层次：

1. 重要而且紧急的事情

这类事情对你来说是最重要的事情，而且是当务之急，有的是实现你的事业和目标的关键环节，有的则和你的命运息息相关，它们比其他任何一件事情都值得优先去做。只有它们都得到合理高效地解决，你才有可能顺利地进行别的工作。

2. 重要但不紧急的事情

对于处理这种事情要求你具有更多的主动性、积极性和自觉性。从一个人对这种事情处理的好坏可以看出这个人对事业目标和进程的判断能力。因为你生活中大多数真正重要的事情都不一定是紧急的，比如读几本有用的书、休闲娱乐、培养感情、节制饮食、锻炼身体等等。这些事情重要吗？当然，它们会影响你的健康、事业还有家庭关系等等。但是它们急迫吗？不。所以很多时候对于这些事情你都可以拖延下去，并且似乎可以一直拖延下去，直到你有足够的空余时间来处理它们。

3. 紧急但不重要的事情

你正在准备一个重要会议的资料，这时，手机响了，快递给你打电话说他已在楼下，希望你去取一下包裹。你会对已经送上门的包裹置之不理还是先放下手里的资料呢？紧急但不重要，重要但不紧急，这是两个经常让人难以取舍的情况。通常情况下，紧急但不重要的事情都比较琐屑，处理起来较为容易。迫于时间的紧迫性，人们一般会选择先将它们处理好，再全身心投入重要但不紧急的事情中。

4. 既不紧急也不重要的事情

很多这样的事情会在我们的生活中出现，它们或许有一点儿价值，但如果你毫无节制地沉溺于此，就是在浪费大量的宝贵时间。比如，你吃完饭就坐下看电视，却常常不知道想看什么和后面要播什么，只是被动地接受电视发出的信息。往往在看完电视后觉得不如去读几本书，甚至不如去骑骑健身车，那么你刚才所做的就是在浪费时间。

我们可以按照上述的分类将重要而且紧急的事情定为A类，将重要但不紧急的事情定为B类，将紧急但不重要的事情定为C类，将既不紧急也不重要的事情定为D类。在实际工作中，我们应该先干重要的事，即A类事情，这一类事情做得越多，你的工作效率就越高。

“二八定律”告诉我们：应该用80%的时间做能带来最高回报的事情，而剩余用20%的时间做其他事情。记住这个定律，并把它融入工作当中，对最具价值的工作投入充分的时间，否则你永远都不会感到安心，你会一直觉得陷于一场无止境的赛跑中永远也赢不了。“分清轻重缓急，设计优先顺序”，这就是管理时间的精髓。

◎ 高效为“首”，勤奋有“度”

有些人总是认为工作的时间越长，越能显示自己的勤奋、工作效率越高。其实，工作效率和业绩才是最重要的，整天忙忙碌碌却做不出成果并不是有效的工作者。

对时间的有效管理与否直接关系到企业员工工作效率的高低。企业员工一生的绝大部分时间都是在工作，然而光阴似箭，时间的流逝是那样悄无声息又那样无情。

在有限的工作时间内，一个人如何将所有预定的工作全部做完而且井井有条呢？抑或是总觉得有许多忙不完的事，工作纷繁复杂，还需要经常加班加点，结果还是遗忘了某些重要事情。若是前者，那么企业员工对时间的管理就是有效的。

有些职员整天在办公室忙忙碌碌，书桌上各种公文及资料堆积如山，似乎每天都有忙不完的工作。这种人实际上是在对时间的管理上产生了偏差，由此造成工作效率低下。他们不是忙得没有时间，而是没有管理好自己的时间。因此，企业员工不应被动地被时间牵着鼻子走，而应主动地把握时间、规划时间、管理时间，让有限的时间发挥更大的效用。

苏珊妮毕业后应聘到一家信息咨询公司，并被分配到这家公司新开设的汽车信息部跑业务。刚开始工作时，苏珊妮手头没有客户，她采用“陌生拜访”这种最原始的方式逐个宣传公司的业务，其间赔尽了耐心和笑脸。但是这个失误的计划使她在工作一段时间之后并没有发展多少客户。公司采用的是佣金制，即完成多少工作量发相应数目的薪金。由于没有多少业绩，到了发薪的日子，看到别人兴高采烈，她却只能独坐一隅，暗自落泪。

分析失败的原因后，苏珊妮找到了自己致命的弱点——业务不熟、计划不详。于是，她开始积极地学习、用心总结和研究客户的心理，重新制订出自己的工作计划。

三个月后，苏珊妮的签单数量不断上升，佣金日渐不菲，业务主管那张铁青的脸也逐渐变得笑容灿烂。

勤奋好学的员工是老板最赏识的。想要迅速获得老板的赏识，最好的方式是尽可能提高工作效率，尤其当你面对堆积如山的工作时，先不要慌慌张张，而是要思考如何高效率地分配时间。只要事先分配好时间并安排事情的先后顺序，就能轻而易举地一一处理。

一个会管理时间的人总能泰然自若地待人处世，将应处理的事、应完成的事在自己规定的时间内完成，非常有效率。相反，一个不会管理时间的人，无论如何也不会成为一个优秀的企业员工，其生命中的许多时光都处在一种浪费状态中，并随时可能会浪费他人的时间。学会善于管理自己的时间，在某种程度上可以说也是为了更好地享受有限的人生。

员工不会通过有效地管理时间来提高工作效率这种现象，是每个老板都不愿看到的。一家著名公司的老板说："我不喜欢看见报纸、杂志和闲书在办公时间出现在员工的办公桌上。我认为这样做表明他并不把公司的事情当回事，他只是在混日子。如果你暂时没事可做，为什么不去帮助那些需要帮助的同事呢?"他的话值得每一个员工深思。

对于任何人来说，时间的价值都非比寻常，它与人生的发展和成功的关系非常密切。凡是在事业上有所成就的人，无论是员工还是老板，都是会管理时间的人。因为他们能科学地把握时间、追求效率，在恰当的时间内完成应该做的事情。

谁善于利用时间，谁的时间就会成为"超值时间"。作为一名员工，当你能够高效率地利用时间的时候，你对时间就会获得全新的认识，能知道一秒钟的价值，能算出一分钟时间究竟能做多少事情。当你这样做以后，若还再担心不被老板欣赏，就是杞人忧天了。

刚刚参加工作的新职员在掌握工作时间上往往会出现两种极端：一种是偷工减料、晚来早走；另一种是无休止地加班加点。

如果你经常偷工减料，每天工作不足规定的时间，那么总有一天你会被叫进老板的办公室。因为大家的眼睛是雪亮的，何况每一个人的工作量摆在那儿，你干少了，别人就得多干。也许有人很聪明，可以在相对少的时间内完成工作，但也不应该晚来早走。积极的做法是向你的老板说明个人的情况，争取更有挑战性的工作，这也有助于你以后的提升；另一种积极的做法是用剩余的时间自学更多的东西。

如果你过分地加班，有时会带给自己负面的影响，你的老板会认为你的工作能力不强，只能靠加班来完成任务。在许多企业，过分加班意味着你的计划没有做好，如果追究起来是要承担责任的。一项任务如果没有办法在计划内完成，其解决的方法不只是加班，你可以向老板解释要求修改计划、增加人手或寻求帮助，等等。

俗话说："一寸光阴一寸金。"做一个善于管理时间的人，如此，不仅你的事业充满了发展的机遇，而且你的人生也会充满快乐。

第13章
自控力之习惯管理

从某种意义上说，“习惯是人生最大的指导”。因为很多时候，一个小小的坏习惯就能让我们饱尝苦果。所以，要培养自律的意识就要从战胜小毛病开始积累自己的自控能力。

◎ 自控能力养成行为习惯

从一个人的习惯就可以看出他的自控能力，因为习惯是自控能力的体现。一个人自控能力的强弱就体现在他有意识或无意识地在日常生活中和工作中表现出的习惯上。

然而，什么是自控能力呢？所谓的自控能力就是一个人善于自我支配和自我调节的能力。心理学认为，自我控制能力是自我意识的重要成分，它是个人对自身的心理和行为的主动掌握，是个体自觉地选择目标，在没有外界监督的情况下适当地控制、调节自己的行为，抑制冲动、抵制诱惑、延迟满足、坚持不懈地保证目标实现的一种综合能力。良好的自控能力也是一个成熟的人进入社会最主要的因素。

如果一个人缺乏自律精神，没有自控能力，干什么都无所谓，那么，什么也都会对他无所谓；相反，如果一个人做什么事情都能自我约束、仔细认真、精益求精，那么成功就离他不远了。

不仅如此，一个人的习惯会影响他的品格，从而影响其日后的发展。有些青年原来品格优良，但因为后来沾染了一些恶习，结果再也没有出头之日。很多年轻人一开始很不注意自己的习惯，觉得那只是暂时的小事，但是，久而久之，他们可能会因为一些恶习而为他人所排挤，到那时他们可能会懊悔起来，开始反思：真没想到那样随便玩玩也会成为改不了的恶习。但是，懊悔又有什么用呢？

一个有志成大事的青年为了自己的前途，无论如何都要抵制住不良诱惑，要始终坚定决心、不为所惑。他必须永远善于自我克制，他的娱乐项目应该是正当而有意义的，否则只要稍动邪念，他就可能一下子毁掉自己的信用、品格和成功。如果仔细分析一个人失败的原因，就可知道多半是因为那个人缺乏自控能力和有着种种不良的习惯。

美国石油大亨保罗·盖蒂曾经嗜烟如命，烟抽得很凶。

在一次度假中，开车经过法国时，天降大雨，他在一个小城的旅馆停了下来。吃过晚饭，疲惫的他很快就进入了梦乡。

清晨两点钟，盖蒂醒来了，他想抽一根烟。打开灯后，他很自然地伸手去抓桌上的烟盒，不料里面却是空的。他下了床，搜寻衣服口袋却一无所获。紧接着他又搜索行李，希望能发现无意中留下的一包烟，结果令他又失望了。这时候，旅馆的餐厅、酒吧早已关门，他唯一可以获得香烟的办法是穿上衣服走出去，到几条街外的火车站去买，因为他的汽车停在距旅馆有一段距离的车库里。

越是没有烟抽，想抽的欲望就越大，有烟瘾的人大概都有这种体验。于是，盖蒂脱下睡衣，穿好了出门的衣服，在伸手去拿雨衣的时候，他突然停住了，他问自己：我这是在干什么？

盖蒂站在那儿思考：一个所谓有修养的人，而且相当成功的商人，一个自以为有足够理智对别人下命令的人，竟要在三更半夜离开旅馆，冒着大雨走过几条街，仅仅是为了得到一支烟。这是一个什么样的习惯？这个习惯的力量竟如此惊人的强大。

没过多久，盖蒂下定决心，把那个空烟盒揉成一团扔进了纸篓，脱下衣服，换上睡衣回到了床上，带着一种解脱甚至是胜利的感觉，很快就进入了梦乡。

从此以后，保罗·盖蒂再也没有抽过香烟。当然，他的事业越做越大，成为世界顶级富豪之一。

烟瘾大对任何人来说都不是一个大的缺点，但保罗·盖蒂却坚持改变，这是因为他意识到了习惯的巨大力量。一位理智、成功的商人居然会为一支香烟而六神无主，如果是在休闲时间倒没什么影响，但如果是在谈一笔大买卖，这个习惯则会影响他的判断，进而影响整笔生意的完成。一个人要是沉溺于坏习惯之中，就会不知不觉把自己毁掉。

是的，习惯的力量是巨大的，因为它具有一贯性。通过不断重复，它使人们的行为呈现出难以改变的特定的倾向。就像一句古老的箴言所说：“习惯就像一根绳索。每天我们都织进一根丝线，它就会逐渐变得非常坚固，无法断裂，把我们牢牢固定住。”我们每天高达90%的行为是出自习惯的支配。可以说，几乎每一天，我们所做的每一件事都是习惯使然。

好的习惯使我们受益，让我们很自然地去做某些事情，而无须在意志方面付出巨大的努力；坏习惯则是我们行动的障碍，且腐蚀着我们的意志力，我们很容易受它的控制，成为它的奴隶，意志坚强的人也不例外，保罗·盖蒂的例子就足以证明这一点。只是与普通人不同的是，保罗·盖蒂凭借毅力改变了自己的坏习惯，这可是常人难以做到的。

每个人都有一些坏习惯，能否改正就是卓越和平庸之间的分界线。诚如奥利弗·克伦威尔于 17 世纪初期说过的那样：“不求自我提醒的人，到最后只会落得退化的命运。”改掉坏习惯是永远都不该停止的。

◎ 让节俭成为一种习惯

节俭不仅是获取财富的一块基石，也是许多优秀品质的根本。节俭可以提升个人的品性，厉行节俭对人的其他能力也有很好的助益。节俭在许多方面都是人们卓越不凡的一个标志，节俭的习惯表明了人的自我控制能力，同时也证明一个人不是其欲望和弱点不可救药的牺牲品，他能够支配自己的金钱，主宰自己的命运。

爱默生曾说过：“节俭是一生用不尽的美德。”节俭就像一面镜子，折射出人格的光辉。一个懂得节俭的人，不管是贫穷还是富有，都必定是一个懂得严格要求自己的人，这样的人也必定是一个拥有成功人生的人。

别想一下子就造出大海，罗马不是一天建起来的，任何让小钱溜走的人也绝留不住大钱。不要以为一分钱就不是钱，财富就是依靠许多的一分钱积攒起来的。也不要看不起视一分钱为财富的人，正是因为他们有这样的金钱观，养成了勤俭节约的好习惯，才有了财富的日渐积累。

洛克菲勒在起初步入商界的时候，经营可谓是步履维艰，他朝思暮想发财，但就是无法成功。一天晚上，他从报纸上看到一则广告，其内容是推销一本发财秘诀的书。他非常高兴，在第二天就急急忙忙到书店去买了一本。他迫不及待地把买来的书打开一看，没想到书内仅印有“勤俭”二字，其余再没有任何内容了，这让他非常失望和生气。

于是，洛克菲勒的思想十分混乱，几天寝不能眠，他反复思考这个“秘诀”在哪里。刚开始，他还以为书店和作者在欺骗他，于是想指控他们。但是后来，他越想越觉得此书言之有理。的确，要发财致富，除了勤俭之外，别无他法。到了这时，洛克菲勒才恍然大悟。

从此以后，洛克菲勒把每天应用的钱加以节省并储蓄起来，同时加倍努力工作，想办法增加自己的收入。就这样坚持了五年，洛克菲勒积存下了800美元，然后将这笔钱用于经营煤油。在经营的时候，他精打细算，想尽一切办法将开支节省，把赢利中的大部分储存起来，到一定时间把它投入石油开发。如此一来循环发展，如同滚雪球一般使其资本越来越多，生意也越做越大。通过30年的“勤俭”经营，洛克菲勒成为美国最大的三个财团之一的领导者。1996年，他经营的石油公司，其年营业额竟然达到1100多亿美元。

然而，当洛克菲勒成为亿万富翁后，其经营管理还是以精于节约为特点。他对员工的要求是：提炼一加仑原油的成本要算到小数点后的第三位。一上班，他就要求公司各部门把一份有关成本和利润的报表交到他手上。很多年积累下来的商业经验使洛克菲勒十分熟稔经理们交上来的成本开支、销售以及损益等各项数字，他经常会从中发现很多问题，并且以此指标考核每一个部门的工作情况。

1879年的一天，他质问一个炼油厂的经理：“为什么你们提炼一加仑原油要花19.8492美元？而东部的一个炼油厂干同样的工作只花19.849美元？”勤俭也是世人对洛克菲勒的评价，他是统计分析、成本会计和单位计价的一名先驱，是今天大企业的“一块拱顶石”。

洛克菲勒在老年时，一天，他向他的秘书借了五美分。当洛克菲勒向秘书还钱的时候，秘书不好意思要，洛克菲勒当即大怒：“记住，五美分是一美元一年的利息。”可见他对金钱的节俭态度。

由此可以看出，即使是亿万富翁也要懂得节俭，不能让自己变得挥霍无度。但凡成功的商人，不管他们多有钱，都不会随意挥霍钱财。接待客人时，他们就以让客人吃饱吃好为尚，不会讲排场或乱开支。在现实生活中也是以积蓄钱财为尚，决不会用光吃光。有人测算过，根据世界的标准利率来计算，如果一个人每天储蓄1元钱，那么在88年后，他就可以得到100万元。88年虽然长了一点儿，不过这些储蓄在10年、20年之后，或许就会得以利用。所以，在很多时候，你不应抱怨自己赚钱少，而应该责备自己没有足够的自控力来积攒钱财。

那些成功的富豪们都有一个成功诀窍，那就是崇尚节俭、爱惜钱财。譬如美国连锁商店大王克里奇，他将商店开到了世界各地，他的资产数以亿计，但他的午餐从来都是1美元左右。美国克德石油公司老板波尔·克德也是一位节俭出名的大富豪。一天，他去参观狗展，在购票的地方看到一块牌子写着这样一句话：“5时以后入场以半价收费。”之后，他看到手表上显示的时间是4时40分，于是就在入口处等了20分钟才购半价票入场，节省下0.25美元。要知道，克德公司每年的收支超过数亿美元，他之所以节省0.25美元，完全是受节俭习惯和自律精神所支配。当然，也正因为他节俭，才让他成为了一位富豪。

只有对钱财有爱惜之情，它才会聚集到你的身边，你越尊重它、珍惜它，它越会心甘情愿地跑进你的口袋。自律的理财习惯不仅是一种习惯，更是一种精神，会让你拥有成为富翁的潜力。

对金钱不但要爱惜，还要学会保护。除了想获取钱财，还要想方设法保护已有的钱财，用现代的流行语说就是要“开源节流”。犹太富商亚凯德曾经说：“犹太人普遍遵守的原则就是不会让自己的支出超过自己的收入。如果支出超过自己的收入，那便是很不正常的现象，也就根本谈不上发财致富了。”

等到你养成了勤俭节约的好习惯，你会发现每节约一点儿，结果就大不一样。如果你养成了节俭的习惯，那么就意味着你具有控制自己欲望的能力，意味着你已开始主宰你自己，意味着你正培养一些重要的个人品质，即自力更生、独立自主以及聪明的机智和创造能力。换句话说，这就意味着你有了追求，你将会是一个卓有成就的人。

◎ 理财也是一种自律

不管你赚多少钱，都不要有抱怨的心理，但是理财之心一定要有。也许你现在赚得不多，觉得理财是一件可有可无的事情，但是别忘了，勺水渐聚成沧海，分秒累积成整天。如果你拥有这样的自律心态，理财就再也不会成为一件难事了。

在现代社会，我们随时都会面临机遇和挑战。国家经济每天都在迅猛发展，物价持续走高，孩子未来的教育费用让人忧心忡忡……一切的一切都在压迫我们，要求我们学会理财。理财是自律的一种真实呈现，如果我们不去理财，只会被社会淘汰。

孙晓龙从小家庭状况就不错，每天都是一副不知天高地厚的样子，更没有丝毫理财的观念。

参加工作之后，孙晓龙脱离了父母的掌控，花起钱来就更加肆无忌惮了，他觉得，钱都是自己赚的，每个月花光是理所应当的。只要是他喜欢的东西，不管多贵，他都会买回家。他出手也极为大方，尤其是为女朋友埋单的时候从来没有皱过一下眉头，这样的做法让他感觉很是潇洒自在。结婚后，他们夫妻两人依然过着无忧无虑的生活，一个人“月光”偶尔会感到“孤单”，夫妻两人一起“月光”，就会让人感觉到理所应当了。

有一天，夫妻两人回到家中，老妈问起他们的小日子过得怎么样、现在存了多少钱。

孙晓龙高兴地回答：“我现在想买什么就买什么，从来都没有节制，也没有计划，现在手上没有存钱，但是我感觉很充实。”

老妈感觉很是头疼：“凡事预则立，不预则废。如果你现在不存钱，将来一定会后悔的。现在你们要对经济做一个规划，多存钱，这样生活才会过得从容淡定。”

老妈的一席话彻底浇醒了孙晓龙。他仔细想想，自己今后的道路还很漫长，充满了很多不确定的变数，自己真的应该好好计划一下了，免得今后钱到用时方恨少。在老妈的帮助下，孙晓龙制订了一个存钱计划，为他今后的“开源节流”打下了坚实的基础。

现代社会是一个不断变化的社会，如果你想要一劳永逸地度过一生，显然是不太可能的。当外界不断变化的时候，就需要你不断随之变化，以达到与之相适应的目的。就像俗话说的一样，改变能改变的，接受所能改变的。现代社会就是一个理财的社会，如果你不去理财，那么留给你的将会是坐吃山空的惨痛结局。

很多人认为，自己是工薪阶层，根本没有资格去谈论理财这件事。如果这样想，你就大错特错了。世界上，不管多么富有的人，他们的钱也是一分一分地赚出来的。如果你每月拿出 500 元进行投资，假设你的年投资回报率是 10%，那么 30 年后，你就是一个不折不扣的百万富翁了。理财一小步，人生一大步。如果你不去理财，你就算赚得再多也积累不了财富。

既然走进了职场，你就应该分清主次，而每月一次的薪水是我们工作中不可或缺的一部分。一些人总是羡慕别人的富有，而自己总是希望用贪婪和吝啬来使自己变得富有，这是非常不理智的。想要变得富有，就应该去理财。理财其实就是投资，你想让自己手上的钱增值，但是光靠等、光靠吝啬、光靠贪婪是不可能的，这些只会败坏你的人品，根本不可能让你手中的钱变得越来越多。学会理财，让理财为你的未来积累价值，这样你才会觉得自己的人生有条理、有未来。

唐饶毕业之后就来到一家企业工作，她每个月只有 2500 元的收入。这点儿收入只能够维持她每天的基本生活，但是，生活中的很多开销却让唐饶非常头疼。

唐饶的家庭情况不是太好，上大学的时候，她每天都要去打工，以此筹集生活费。毕业之后，唐饶的五万元助学贷款也到了还款日期，她每个月都需要还款 1500 元，而她则需要为偿还三年的时间。每月，唐饶都要交 550 元房租费，吃饭也要用去 500 元，再加上其他一些消费，就导致唐饶的每个月工资刚好够花。半年过去了，唐饶发现自己仅有一张 1000 元的存款单。

22 岁的唐饶很希望自己能够在五年内积攒下一笔存款当作自己的嫁妆。有同事劝唐饶说，目前最好的理财方式就是基金定投，也有同事说，应该购买债券或者是银行利率较高的理财产品。

唐饶和同事认真交流了一番，最终制订了自己的理财计划，让她迈出了理财的一小步。

有句话说得好："经济独立了，你的人格才能独立。"经济基础决定上层建筑，如果你连自己的经济都不能独立，你还能做些什么呢？只有有了经济做后盾，你才能去做自己想做的事。

既然进入了职场，就要宣告自己独立，不要再沦为金钱的奴隶，要做金钱的主人。在市场经济时代，创富是一种能力，理财更是一种能力。理财则是一个财富积累的过程，要从长远来考虑，是合理化消费与投资，理财体现的是我们一生财富的积累。

21 世纪的新兴人才不仅应该有智商、情商，更需要有"财商"，"财商"在于你要有良好的理财习惯。理财是一种态度，如果你不去理财，就会让你身上的财富悄悄地溜走。养成良好的理财习惯，你才能把钱花在"刀刃"上，才能不让自己的钱财盲目流失。

不管怎样，你都要养成良好的理财习惯，必要的时候准备一个账本，认真分析每一份收入与支出，弄清楚哪一份支出是可以避免的。保持一个星期这个习惯之后，你就会真正理解到理财的好处，这样就可以让你在职场中积累到更多的资金，积累到更多的人生价值。

◎ 让关注细节成为一种习惯

作为职场人，应该学会细心一点，对于细节也应该更注意一些，并使之逐渐成为一种习惯。只有把握好每一个细节，才能得到上司 100%的信任。在现实职场中，许多职场人就是因为细节的缺失而给自己带来了不必要的麻烦。

小孙是个能力很强的员工，他的工作业绩在单位是数一数二的，但是却一直得不到上司的重用。其实，上司知道小孙这些年来为公司做了不小的贡献，也在考虑提拔小孙，但是无奈小孙在很多细节的地方不注意，这让上司很不放心，决定再观察他一段时间。

这一天，上司一进公司就准备找小孙谈话，可走进办公室的时候，小孙正在和旁边的同事嘻嘻哈哈地闲聊，上司当时就很不高兴，问小孙："小孙，你的工作做完了没有?"小孙回答说："都做完了啊。"上司也不好再说什么，便气呼呼地走了。

没过几天，小孙又犯了个错误，他把公司的一个多余出来的鼠标拿回家自己用了。上司为了这件事情专门询问他："小孙，你原来的那个鼠标呢?新来的同事那边少一个鼠标。"小孙很不好意思地说："呵呵，那个鼠标让我拿回家了，我看咱们公司也没人用，我明天给你拿回来……"

"不用了，你留着自己用吧。"上司说完就走了。

小孙为人处事的这两个细节让上司对他很不满意，将本来打算给他升职的计划也取消了。但是鉴于他工作上的成绩是有目共睹的，所以还是决定给他加薪。加薪之前，上司还是有些不放心，就去前台那里查看出勤记录。查到小孙的时候，上司惊讶地发现，小孙竟然在一个星期内病了三天，请了三次病假。上司认为这根本就是不可能的，于是把加薪的计划也取消了。

事例中的小孙，虽然其工作能力得到了上司的认可，但是他却因为自己没能掌握好细节而失去了加薪、升职的机会。许多职场人在工作中也会经常犯和小孙相同的错误，殊不知，这些小错误给自己带来了多大的不利影响。

在工作中，做好自己的本职工作其实并不难，难就难在对于任何小细节都做到一丝不苟。同事们，在工作上的业绩可能与你相差不多，那么你怎么才能超过他们，让上司对你另眼相看？答案就是“细节”。从细节入手，使之成为你的习惯，做好每一件小事，就是你超越同事的最好方法。可是许多职场人至今还认为只要工作出色，其他的一切都是次要的，这种想法可能会让他们吃到细节的亏。

有的职场人即使在办公室里也不注意着装，在上班的时候穿着牛仔裤与休闲鞋，他们认为这又不会影响工作，没什么大问题，其实不尽然。上司希望自己管理的团队犹如军队般整齐划一，而你的这身休闲打扮却完全破坏了办公室的整体性，他们怎么会高兴？有的员工喜欢在上班的时候打私人电话，而且非常频繁，他们认为打个电话又不影响工作，没关系。殊不知，上司对于这种破坏办公室气氛的行为早就恨之入骨了。

还有的员工喜欢工作时嚼口香糖，然而，当上司看到你的嘴时常不老实的时候，说不定在他们心里，一股无明之火早就油然而生了。

诸如此类不该触犯的小错误在工作中比比皆是，职场人稍不注意就可能给上司留下坏印象，到时候因为这些小细节而失去升职、加薪的机会就太不值得了。

养成关注细节的习惯，除了能够让自己不被一些小错误困扰之外，还能提高工作效率。很多人在工作的时候大大咧咧、丢三落四，因为一个小失误而返工是经常的事情，这就极大地影响到了工作效率。职场人在工作的时候应当好好把握细节，细节决定工作的效果。工作中要把握细节有以下几个要点：

首先，从态度上重视。做任何事情都需要认真求实的态度和工作作风，一板一眼、扎扎实实才能把工作做好。有些人过于浮躁，为了早日完成工作而不注重细节的把握，这样会对工作质量和工作效率有很大影响。第二，认真做好工作计划，把工作中的每个步骤都细节化、具体化。在得到一项新任务的时候，不要着急去干，事前应该把每个步骤进行分解，从简单到复杂，再到简单，在这个过程中需要对每一个环节进行量化、实施、跟踪、评估、改进。最后在节点的环节进行总结，把已做完的事情系统化，这样才能避免工作中的脱节，使自己的工作更有效率。

总体来说，这三点都是很细节的环节。但是如果把这些细节性的环节都做好了，那么工作就会变得高效而富有质量。职场人需要细节来避免失误，提高效率，一个能够成功掌握细节的职场人才能真正掌控全局，获得上司的垂青，这是每个职场人都应该明白的道理。

“合抱之木，生于毫末；九层之台，起于累土；千里之行，始于足下。”可见，任何一次成功都离不开细节。一根链条，最脆弱的一环决定其强度；一只木桶，最低的地方决定其容量；而一个人，最差的品格决定其发展。祸患常积于疏微，而智勇常困于所溺。从一个细节中，我们有时可看出事态的发展趋势。当纣始为象箸，箕子就曾叹曰：“彼为象箸，必为玉杯；为杯，则必思远方珍怪而御之矣。舆马宫室之渐自此始，不可振也。”或许有人会说，“大行不顾细谨，大礼不辞小让”、“做大事不拘小节”，然而殊不知，“大丈夫应扫天下，一屋不扫，何以扫天下！”

有一种颇为流行的说法：看历史要看大势，看形势要看主流，看人物要看大节。这自然没错，但不要忘记，小事、细节也以其生动、直观、真实的特点而显得更鲜活、更有魅力，为人所喜闻乐见、津津乐道，而且也可由小见大、见微知著。伟业固然令人神往，但构成伟业的却是许多毫不起眼的细节，只有做好每一个细节才有可能成就伟业。唯有改变心浮气躁、好高骛远的毛病，脚踏实地、从小事做起、注重细节，并使之成为个人的一种习惯，方能成功。

◎ 每天多做一点，离成功就近一点

多做一点点听起来很容易，可有多少人真正做到了呢？有的人认为这不是挑战，其实这就是最大的挑战。在工作中，如果你敢于多承担一点儿，多做一点儿，并持之以恒，使之成为习惯，你就能创造出非凡的业绩。

要知道，成功和失败往往体现在日常微不足道的习惯上。一些小的行动往往会制造出很大的差异。正是每天提前五分钟开始工作、多打一个电话、多联系一个客户、多思考一个问题、多总结一次工作，这一点点的积累造就了那些成功的人，毕竟没有一个人是一下子获得成功的。

从自身的角度来讲，多做并不吃亏，万事都有因果。做得多，经验积累得就多；做得多，你得到的回报也就多。这种回报不仅仅指的是老板发给你多少工资，还有同事的认同、自身价值的体现，等等。只要你是个有心人，今后发展的机会必然会多于他人。

无论你从事哪一项工作，只要你肯付出，终有一天，额外的工作会为你带来意想不到的收获。因此，多做一点点是一种好习惯。只要你每天多做一点点，成功也就会离你更近一点。

是的，多做一点点是一种习惯，更是一种职业精神，只要坚持去做，就会改变你的整个职业生涯，进而影响你的一生。

查理·贝尔是澳大利亚人，曾是一位杰出的麦当劳首席执行官，他也是第一位担任麦当劳的首席执行官的外籍人。他从打扫厕所的勤杂工做起，一步步登上了事业的巅峰。虽然他英年早逝，但他“多做一点点”的精神激励着一代又一代的麦当劳员工。

2004年4月，查理·贝尔被提名为麦当劳首席执行官。其实，他早在15岁那年就与麦当劳结下了不解之缘。当时，他家境十分贫寒，为了生计来到悉尼一家麦当劳打工。他第一次去应聘的时候，这家店的经理里奇看他瘦骨嶙峋、营养不良，而且长相、穿着都显得很土气，便以暂时不缺人手为由委婉地拒绝了他。但贝尔没有就此放弃，很快他又来了，再次恳请经理给他一份工作，并说不要薪水，只要管饭就行。

这位经理看着贝尔有些犹豫。贝尔利用这个机会小声说：“我看您店里厕所的卫生情况不太好，没准会影响您的生意，要不就安排我打扫厕所吧。”经理见贝尔实在可怜，就同意将他留在店里，但说明只是试用。扫厕所是一个又脏又累的活儿，几乎没人愿意干，但贝尔却很珍惜这份来之不易的工作机会。

在试用期间，他踏踏实实地干活，每天天不亮就起床把厕所彻底打扫一遍，每隔一小时就去查看一下，发现脏了马上再打扫一遍。在工作中，他还总结了一些经验，比如先清理纸张，然后在又湿又脏的地方撒上干灰，把水吸干后再扫，就能扫得非常干净。为了维持厕所的清洁环境，他还别出心裁地特意在厕所周围摆上一些花草，以便给顾客多一点儿美的感受。为了增添文化气息，他还在厕所的墙上贴上一些类似“生命无法重来”的格言警句。这一举动颇受顾客的欢迎，也引起了麦当劳公司领导的注意。而且除此之外，他还做了擦地板、翻烘烤中的汉堡包等力所能及的事。他所做的这一切都被总经理里奇看在眼里。

三个月的试用期过后，贝尔理所当然地被正式录用，成为麦当劳一名正式的员工。在接受了正规的职业培训，之后他被安排到店内的各个岗位实习。贝尔没有辜负经理的一片苦心，经过几年的锻炼，全面掌握了麦当劳的生产、服务、管理等各个环节的工作流程，他年仅 19 岁就被提升为麦当劳澳大利亚公司的店面经理，27 岁成为麦当劳澳大利亚公司副总裁，后来，他又被调到美国总部，先后担任亚太、中东、非洲及欧洲地区的总裁。2002 年年底，他被提升为首席运营官。2004 年 4 月，他担任麦当劳公司的总裁兼首席执行官，成为麦当劳历史上最年轻的首席执行官，负责麦当劳在 118 个国家超过 3 万家麦当劳餐厅的经营、管理。

这一切看似顺理成章，实际都源于贝尔不断地努力、追求卓越的工作态度和精神。他在每一个岗位、任何一个职位上都一如既往地关注细节，以“多做一点点”的精神给下属起到表率作用。比如，在顾客用餐最多的时间，他总是和员工们一起去站台服务并亲自接待顾客，这一点是其他任何一位首席执行官都无法做到的。查理·贝尔从一位扫厕所的员工做起，逐渐成长为麦当劳的首席执行官，靠的就是这种“多做一点点”的精神。

所以，在工作中，即使是一名普通的员工也要有肯付出的精神，主动比别人更努力一点，每天多做一点点就可以多赢一点，多赢一点就可以离成功更近一点。

◎ 让敬业成为一种习惯

每个人的身边总有这么几个极端分子，有的做起事来像拼命三郎，一丝不苟地追求完美而且勤奋又敬业；有的一天只做两件事：打卡和混日子。偏偏，后者还特别喜欢对前者进行一番冷嘲热讽，时常酸不溜丢地问：“这么拼命干吗？老板又没给你加薪！”因为在这些人的眼里，对工作多付出一分，就意味着必须马上获得不只一分的回报，否则绝不愿意多做一点分外的事，更不用提什么追求完美，那等于浪费时间，也等于是亏本生意。

不过，优秀的人绝不会这么想，对他们来说，敬业态度是本分，就像活着要呼吸一样天经地义，没有理由，只有习惯。这种习惯正是在长年累月的自律中逐步养成的。

一些年资较长的同事或主管常常会发出类似的感慨：“现在年轻人的敬业精神已经大不如前。平时工作漫不经心就算了，犯了错还说不得。对他们要求严格一点儿就直接一走了之。能够虚心学习、踏实苦干、认真负责的真的不多了。”

的确，敬业精神原本应该是必备的职业道德，但现实情况却是我们在职场上越来越少看见。如果能把敬业态度转化为一种习惯而使之能根深蒂固地存在，那么我们将会受益终身。

业绩卓著的采购员张一鸣除了专业能力让同事们深感佩服之外，他对于工作投入的敬业精神更是值得每一位在职场打拼的人好好学习。

刚毕业的时候，张一鸣曾经花了很长一段时间学习和研究怎样用最便宜的价钱把货物买进，使公司更赚钱，当时他甚至还不是一名正式的采购人员，这么做只是因为他将“专业采购员”设定为职场目标之一。

在持续努力之下，他果然成功地进了采购部门，此后他开始非常勤奋地工作，千方百计地找到供货最便宜的供货商，买进上百种公司急需的货物。其实张一鸣所担任的采购工作并不需要特别的专业知识，其他部门提出需要采购什么后，他只需要决定到哪儿购买就可以了，但他却付出超出职责范围的努力，兢兢业业地为公司节省了大量资金，成效斐然。

29岁那年，公司将1/3的产品采购任务交给了他，这时他为公司节省的资金已超过80万美元。得知这件事后，副总经理马上就为他加薪，而他的付出和努力更赢得了总裁的赏识，连年晋升，到36岁时被任命为副总裁，年薪超过10万美元。

张一鸣这种对工作的狂热和激情不一定适用于每一个人，但他的敬业精神却值得我们所有人学习与仿效，尤其是隐含在这种敬业精神背后的自律态度更值得人们深思。

所谓“敬业”，就是要敬重你的工作。我们可以从两个高低不同的层次进行理解。从低层次来说，敬业是为了对老板有个交代，出色地完成工作任务；从高层次来说，敬业是把工作当成自己的事业，是对工作具备一定的道德感和使命感。总而言之，敬业的表现就是认真负责、一丝不苟、有始有终。拥有自控力者较容易办到，反之，缺乏自控精神者则很难做到这一点。

有的人没有认清工作的本质目的，误认为上班是为他人赚钱，因此在工作上总是能混就混，总认为反正不管公司赚钱还是亏钱都和自己没关系，也不用自己去承担。其实，工作敬业，表面上看来是老板获得好处，但实际受惠的还是自己。因为和不敬业的人相比，敬业的人能在工作中学到更多的经验，而这些经验就是你未来能持续向上发展的垫脚石。就算以后换了公司或行业，敬业精神同样会对你有益。借由自控力把敬业转变为习惯的人，不管从事哪种行业都比较容易获得成功。

也许有些人天生就有敬业精神，对于任何工作，都会全力以赴，但多数人的敬业精神则需要后天的培养和锻炼。如果你认为自己还不够敬业，那就应趁年轻的时候强迫自己学会敬业。经过一段时间的自律之后，让敬业变成大脑中的一种习惯。

第14章 自控力之情绪管理

通过对自身情绪的认识、协调、引导和控制，可以充分挖掘我们的情智，培养驾驭情绪的能力，从而确保我们拥有良好的情绪状态。良好的情绪是成功的一大因素，它能让你在困境面前保持坚忍、勇敢，它也终将把你引上成功之巅。

◎ 征服情绪，才能征服一切

米开朗琪罗曾说："被约束的才是美的。"对于情绪来说也是如此。一个人的情绪如果不能得到有效的调控，遇到喜事的时候就喜极而泣，遇到悲伤的事情时就一蹶不振，那么人就有可能成为情绪的奴隶，成为情绪的牺牲品。相反，如果能征服自己的情绪，就能征服一切。

当然，情绪有很多种，如乐观、悲哀、愤怒、失望、忌妒、仇恨，等等，其具体的体现就是我们的心情。

可以试想一下，如果你一会儿心情忧郁，情绪低落；一会儿又怒火中烧，使你的朋友们对你敬而远之；一会儿又情绪高昂、手舞足蹈，谁愿意与这样情绪不定的人交往、合作？而且，情绪不稳定的人做事容易情绪化，高兴了就做，不高兴就扔在一边，对于自己确立的目标也常常不能坚持到底，丝毫没有计划性和韧性，这样的人能成功吗？

因此，一个人成功的最大障碍不是来自外界，而是自身。除了力所不能及的事情做不好之外，自身能做的事不做或做不好就是自身的问题，是自控力的问题。只有成功地控制了自己的情绪，才能够走向成功。

很久以前有一个年轻人，当他每次生气和人起争执的时候，就以很快的速度跑回家去，绕着自己的房子和土地跑三圈，然后坐在田地边喘气。他工作非常努力，他的房子越来越大，土地也越来越广，但不管自己多么富有，只要与人争论生气，他还是会绕着房子和土地跑三圈。为什么他从来不暴跳如雷呢？大家都很奇怪。

许多年过去了，他已不再年轻。但他心情不愉快的时候还是一如既往地拄着拐杖艰难地绕着土地、房子走完三圈。他的孙子在身边恳求他说："爷爷，您年纪大了，这附近地区的人没有人的土地比您的更大，您何必这么辛苦呢？"

他笑了笑，终于说出了隐藏在心中多年的秘密："年轻时，每当我生气、郁闷，就绕着房子与土地跑三圈，我还会边跑边想，我的房子这么小，土地这么小，我哪有时间、哪有资格去跟人家生气？一想到这里，气就消了，于是就把所有的精力用来努力工作。可是现在，我一边走一边想，我的房子这么大，土地这么多，我又何必跟人计较？这样，我的心又平静下来。我从来不会浪费时间去沮丧，所以每一天都过得很快乐。"

这位老人可谓是深谙生活的智慧，因为他懂得自己改变不了"天气"，却能够改变心情。

确实，在日常生活中，我们难免会遇到愤怒和悲伤的事情，这个时候，要做的不是自暴自弃、忧伤难过、愤怒发火，而是要学会运用理智和自制力来控制情绪，一定要学会自我调节，千万不能任由负面情绪蔓延。

例如，当我们内心焦躁的时候，要试着理智地分析原因、恢复自信，让自己振奋起来。当我们感到抑郁的时候，不要把自己封闭起来，要试着通过交谈、运动、听音乐、看书等方式来缓冲内心的压抑，让自己慢慢得到解脱。当我们忌妒的时候，让自己变得宽容一点，试着去看到别人身上的优点，学会欣赏和给予真诚的赞美，不要把时间和精力用在议论别人身上。当我们疲惫的时候，去散散步、唱首歌，消除一下心中的烦恼，清理一下杂乱的情绪，唤起自己对美好生活的憧憬，体会活着的幸福。

人是一种情绪动物，只要与人打交道就自然会有各种负面情绪滋生，但假如任由恶劣情绪控制自己，人生将变得毫无乐趣。被愤怒控制，会因冲动铸成大错；被烦躁控制，会坐立不安；被忧伤控制，会日渐消沉，看不到生活的希望……所以，我们要征服情绪。

如果你能够恰当地掌握好情绪，那么将在别人心目中留下“沉稳、可信赖”的形象，你的人生也必定会因此而受益匪浅。

总之，驾驭好自己的情绪、增强自控能力是取得成功的一个重要因素，也是获得成功人生的重要法则之一。

◎ 别错在感情用事上

与人交往时，关键在于控制自己的感情，保持头脑冷静、自律自省，做到喜怒不形于色，这样人们就无法从我们的言语、行为，甚至脸部表情中窥测到我们内心的真实想法。

如果遇到问题就感情用事，开始发怒、生气，不仅于事无补，反倒会让你的处境越来越糟。想办法去解决摆在面前的问题，克制一时的冲动、谨言慎行，学会冷静地思考、理性地判断，才是真正有用的。

然而，有些人根本无法控制自己的感情，他们一遇到不愉快的事情就怒气冲天，或者一听到高兴的事情就笑逐颜开。如果他们能多关心别人，经常反思自我、自律自警，那么一切都会变得更好。这种人可能更习惯让理智控制自己的心情，而不是像大多数人那样让心情控制了理智。

所以，能够理性思考的人才是真正明智的人，而感情用事则是犯错误的开始。

下面是一则关于巴顿将军的故事。

巴顿是一个军事天才、传奇人物。然而，他那两次冲动的“打耳光”事件却让他臭名远扬，还把他辛辛苦苦赢得的美名一笔勾销。

第一次发生在意大利。1943年8月，炎热的午后，跟往常一样，巴顿来到西西里的撤退医院看望伤员。一个帐篷里住着10—15名的伤员，他跟战士们聊着，前五六个都是打仗时挂了彩。巴顿问候了他们的伤势，对他们的英勇表现给予了夸奖，并祝他们早日康复。

接着，巴顿走到一个发高烧的伤员前，没说什么就过去了。下一个伤员蜷缩在地上，浑身发抖，巴顿问他怎么回事，他说“是神经问题”，然后就哭了起来。原来，这位伤员患上了名叫“弹震神经症”的战场疲劳症。

巴顿喊道：“你说什么？”士兵答道：“是我的神经问题，我再也受不了炮弹的声音了。”他还在哭。

巴顿大声喊道：“你的神经问题？你是个懦夫！你这个胆小的兔崽子！”

他给了士兵一记耳光，说："闭上你的嘴，别他妈哭了。我不会让其他受伤的勇敢士兵坐在这儿看你这个胆小鬼哭鼻子！"他又踹了士兵一脚，把他踹到另一个帐篷里，致使他的头盔衬垫都掉了。然后，他扭头对伤员接收官吼道："不要收留这个胆小鬼，他一点儿事都没有，我可不允许医院里都是些没胆打仗的兔崽子！"

然后，巴顿又转向那个士兵，士兵正在大家的注视下哆哆嗦嗦地挣扎着站起来。巴顿对他说："你给我滚回前线去，你可能会吃枪子儿、被打死，但你还是要去打仗。你要是不去，我就派人把你按到墙上，找行刑队把你毙了！"他又说："说真的，我应该亲手把你毙了，你这个哭哭啼啼的懦夫！"边说边把手伸向枪套。走出帐篷时，他还一路上对伤员接收官喊道："把那个胆小鬼给我送到前线去！"

第二次与第一次的情况差不多。一个士兵向他诉苦说得了"弹震神经症"，他用手套狠狠地抽了士兵一下，骂道："我不要那些勇敢的孩子们看到你娇生惯养！"

因为不擅自制、感情用事，结果巴顿的工作受到影响，别人也不那么尊敬他了。

假如你发现自己被一种突然爆发的感情、疯狂或愤怒所控制，那就默默地在心底克制它，至少在你觉得这种情绪尚未消除之前不要讲话。尽可能地保持面色平和、神情自然、注意力集中，如此能帮助你养成处世冷静的习惯。只要你小心谨慎地掩饰你内心的愤怒，那么你就会成为最终的胜利者。

如果你动不动就生气，那是因为你自身还存在很多问题。你得找出这些问题解决它们，然后继续前进。

或许你还不知道，其实，别的人或事并不能使我们愤怒，他们只是点燃了我们内心深处本来就有的愤怒。这个道理很简单，也很容易理解。这就像你切开一个柠檬然后拿起来挤，就会挤出柠檬汁一样。如果你把一个发怒的人“切开”，然后拿起来“挤”，“挤”出的肯定是愤怒。也就是说，如果我们心里本来就没有愤怒，是挤不出愤怒的。

但是，如果我们足够对自己负责，就会控制自己的情绪，就没有什么东西能影响我们了，就可以做到不以物喜、不以己悲了。

◎ 用自律来克制嗔念

在《说文解字》中，嗔的意思是盛气，这就是说一个人不能戒嗔就会变得盛气凌人，于人于己都不利。

嗔心似乎是人天生就有的一种人性的弱点，就连刚刚出生的小孩子也或多或少有些嗔心，例如他希望母亲喂奶给他吃，稍不如他的意，他马上就会大哭起来。可以说，人与生俱来皆有嗔心，而在人生的修行中能够戒除自己的嗔心也是非常重要的一门功课。

佛语云：当愚痴的邪风吹来的时候，要抱紧智慧明理的磐石；当嗔怒的烈火炽盛的时候，应泼洒柔和忍耐的法水；当贪欲的洪流高涨的时候，需开启喜合布施的闸门；当骄慢的高山隆起的时候，需运用谦虚尊重的巨铲。一个人只要通过自律来管住自己的坏脾气、端正自己的态度，就会成为一个道德高尚的人。

有一个坏脾气的男孩，他父亲给了他一袋钉子，并且告诉他，每当他发脾气的时候就钉一个钉子在后院的围栏上。第一天，这个男孩钉下了 37 根钉子。慢慢地，他每天钉下的钉子数量减少了，他发现控制自己的脾气要比钉下那些钉子容易。于是，有一天，这个男孩再也不会失去耐性、乱发脾气。他告诉父亲这件事情。父亲又说，从现在开始，每当他能控制自己脾气的时候，就拔出一根钉子。时间一天天过去了，最后男孩告诉父亲，他终于把所有钉子都给拔出来了。

父亲握着他的手，来到后院说："你做得很好，我的好孩子，但是看看那些围栏上的洞，这些围栏将永远不能恢复到从前的样子。你生气的时候说的话就像这些钉子一样留下疤痕。如果你拿刀子捅别人一刀，不管你说多少次对不起，那个伤口将永远存在。话语的伤痛就像真实的伤痛一样令人无法承受。"

人一旦有嗔心，大多会变得怒目狰狞、难以接触，这样的人自然不会有好的人际关系。但是不要以为不会"动怒"的人就没有嗔心，有的人口蜜腹剑，这是隐藏的嗔心，这种嗔心虽然没有外在的表现，却对人同样无益。

唐代宗时，权震当朝的宦官鱼朝恩问药山禅师："《普门品》中说'黑风吹其船舫，漂堕罗刹鬼国'，请问什么是黑风？"

禅师说："黑风就是人的嗔心，人有嗔心就容易陷入魔道。"

鱼朝恩问："那何谓嗔心？"

禅师不客气地直呼："鱼朝恩！你这个呆子，问这个问题做什么？"鱼朝恩听了勃然变色。药山禅师笑道："这就是嗔心。"

鱼朝恩因为不喜欢药山禅师对自己嘲笑讥骂，嗔心马上就产生，立刻就要发作。在现实中，破口相骂、举拳相打都是由于嗔心所发。嗔心可以毁灭世界上一切美好的东西，例如爱情和婚姻。两个人再恩爱，但是只要嗔心一起，便会产生争执，最后必定将爱情葬送，双方都会因此承受严重的后果。

嗔心是人生最大的“病”，这病又是从何而来呢？星云大师说：嗔心其实就是由“不爱”而生起。所谓的“不爱”就是憎恶。因为不爱别人胜过自己、不爱自己所爱的为别人夺去，所以产生了无尽的嗔心。嗔心给人带来的坏处是显而易见的，每个人都有过直接的体会，每个人也都想戒掉自己的嗔心，但是说起来容易，做起来难。一个不懂得“爱”的人，很难真正消除嗔心。

有一个富豪总认为自己手下的人非常愚蠢，完全没有可爱之处。儿女无论做什么事，稍有不如意，他就怒火中烧。

因为他性情暴躁，家中财产虽多，可是人口却总是不旺。他自己也知道嗔怒不好，一心想改，就在一块小木牌上写上“戒嗔怒”三字，挂在胸前警诫自己。一天晚上，他听到家里的仆人聚在一起议论：“我们的主人嗔心太大，不如隔壁刘先生仁爱慈和，所以我时时都想离开他。”

“你们的胆子真大！”说完，他就拿下挂在胸前“戒嗔怒”的木牌打那个批评他的仆人，大怒道：“我现在已经很有修养了，把嗔心都已消除，你们还要说我不如人！”

这个人自认为胸口挂上一个“戒嗔怒”的牌子就没有了嗔心，但他还是不爱听别人说他的过失，不爱听说别人比他好，更不觉得他人有可爱之处，所以嗔心还是没有消除。

要想真正根治“嗔病”，只需要记住两个字——爱、忍。

人之所以会患嗔病，就是缺乏修养的功夫，一遇到不爱的逆境当前，一遇到什么不顺利的事情，会好像天地间的万物都在嘲笑自己，一切都是可憎可厌的，恨不得一拳把世界粉碎。

其实人生中哪有那么多的不顺利？人需要懂得世间一切都是平等的，别人有对你不好的地方，但是同样他们也曾给过你不少的好处，你应该去“爱”每一个给过你好处的人，忍让每一个曾经给你带来过灾难的人，只要有了这种忍的修养，嗔的大病就不易产生了。其实，世间一切不爱的事情、一切难以解决的问题，难道起嗔心就能解决吗？肯定是不能的。嗔心只会增加事态的严重性。所以，凡事都要仔细想想，不要无谓地嗔怒，就像佛说的那样：“若以争止争，终不能止；唯有能忍，方能止争。”

◎ 生气不如争气

哲学家说，生气就是用别人的错误惩罚自己。仔细想想，这句话真是人生的真理。我们之所以会生气，大部分原因是因为别人对自己犯下了错误。而生气除了能让自己不愉快，又能改变什么呢？这难道不是在用别人的错误惩罚自己吗？我们与其为别人的错误而生气，倒不如自己努力争口气实在。

道理很明白，但是很多人却做不到。因为在遇到问题的时候，我们总是喜欢从别人身上找原因，为别人而生气，却很少将问题归结于自己的不足，督促自己进步，获得解决问题的能力。虽然父母师长时常叫我们要争气，不要生气，可是我们遇到挫折困苦的时候总是不能坚强忍耐，不懂得自我争气。

因此我们应该警醒，有和别人生气的时间，真不如自己给自己争口气。

一位作家被邀请去一所大学做演讲比赛的评委。参赛选手经过抽签确定了演讲的顺序和主题之后，第一位选手表情很不满地走上台去。“同学们，尊敬的评委们，这是一场不公平的比赛！我领到这张纸以后，只有几分钟时间做准备，在我之后的人有更充裕的时间做准备，这是不公平的！”

在众人一片惊讶的表情下，他走下讲台，冲出了大厅。这个学生的离开并没有给比赛造成任何影响，比赛顺利进行，有人在比赛中获得了荣誉，有人则锻炼了自己。

过了几天之后，这位作家偶然遇到了那个生气离开的男孩，就对他说：“你因为不公平而生气、而离开，可是你有没有想过，只要自己争气，那么即便是不公平，你也能获得成功？”

男孩听了作家的话之后非常惭愧，但是他也从中领悟到了做人的道理。

生活中，我们总是会遇到一些比较困难或者自己不愿意做的事。当这些事情无可避免地发生在自己身上的时候，生气又有什么用呢？只有自己给自己争气才能摆脱困境、走向辉煌。

所谓争气，就是不因一时的失败而泄气，要能力图上进；不因一时的挫折而丧气，要能奋发图强；不因一时的贫苦而壮士气短，应该鼓舞精神，更加争气。当一个人受到挫折与委屈时，只有自己努力争气，能以愿心为动能，能够化悲愤为力量，才有前途与未来。

有一个年轻人经常因得不到领导的赏识而生气抱怨。

一天，他去拜访恩师，并向其道出了自己的烦恼。恩师听后，就领着这个年轻人到了海边，他弯腰捡起一块鹅卵石抛了出去，扔到了一堆鹅卵石里，并问道：“你能把我刚才扔出去的鹅卵石捡回来吗？”

“我不能。”年轻人回答。

“那如果我扔下一粒珍珠呢？”恩师再问，并颇有深意地望着年轻人。

年轻人顿时恍然大悟：一味地生气抱怨只是徒劳，唯有争气，凭借实力迅速脱颖而出，才是明智的做法。

如果你只是一块平常无奇的鹅卵石，就没有生气与抱怨的权利，因为你自身还没有被注意的闪光点。此时就需要争气，不断提升自身的实力，最终成为一粒耀眼的珍珠。到那时，你说话才能理直气壮、掷地有声，最终得到别人的认可与尊重。

要争气，就得先要有志气。立志向上、立志做人、立志争气。立志就是争气的原动力。要想自己不生气，就必须要争气；我们要想争气，就必得先要立志。人有志气，又何患无成呢？

◎ 忍耐，是一种修养

在古罗马有一句谚语："忍耐是为了学习，火才是为了燃烧。"它告诫了人们这样一个道理：冲动是魔鬼，它就像火一样会将我们活活烧死。所以，你一定要学会忍耐。如果通过忍耐能化解不该发生的冲突，这样的忍耐永远是值得的。

确实，有时候，人不得不学会忍耐，因为"小不忍则乱大谋"。一时冲动可能会给自己带来终生的遗憾，就好像一个人脑子一热而扣动扳机就会夺去另一个人的生命一样。如果你想和对方一样发怒，你就应想想这种爆发会发生什么后果。如果发怒必定会损害你的利益，那么你就应该约束自己、控制自己，无论这种自制是如何困难。

汉初，名臣张良在外出求学时曾遇到过这样一件事。

有一天，他走到一座桥上，遇到一个老人穿着粗布衣服在那里坐着，见张良过来，他故意将鞋子扔到桥下，冲着张良喊：“小子，下去给我把鞋捡上来!”

张良听了一愣，本想发怒，但看到对方是个老人，就强忍着怒气到桥下把鞋子捡了上来，老人说：“给我把鞋穿上。”

张良想，既然已经捡了鞋，就好事做到底吧，就跪下来给老人穿鞋。

老人穿上后笑着离去了。但他一会儿又返回来对张良说：“孺子可教也。”于是约张良再见面。这个老人后来给张良传授了《太公兵法》，使张良最终成为一代良臣。

老人考察张良，就是看他有没有遇辱能忍的自我克制的修养，有了这种修养，以后才能担当大任，处理多种复杂的人际关系和艰巨的事情，才能遇事冷静，知道祸福所在，不意气用事。我们在平时要注意这种修养，克制、忍耐，处理好遇到的人和事。

要知道，世界不是掌握在嘲笑者手中，而是掌握在那些遭到别人嘲笑、怀疑却依然能在困境中不断前进的人手中。记住，你蹲下、跪下，是为了能跳得更高。这就像一个运动员，只有当他蹲下或跪下时，做出起跑或起跳的充分准备，才能更好地将全身的力量爆发出来，跑得更快，跳得更远、更高。所以，你必须学会忍耐、忍耐、再忍耐。

当然，忍耐不是盲目地容忍，不是无原则地放纵，不是一味地宽容，不是有朝一日的爆发，也并非忍气吞声，更非卑躬屈膝，而是一种策略，是为了学习，是为了保存自己，是为了将来跳得更高，同时也是对自己的磨炼。能忍人所不能忍，才能为人所不能为。

真正的忍耐是人格上的独特魅力，甚至是一种人格上的升华，真正的忍耐是没有动机可循的，能够忍耐的人仅仅是因为怀有一颗包容之心。

如果能真正做到忍耐，就是一种真正的修养。当然，要做到这一点并不是一件容易的事情，它需要修身、养性、修知、养气，要求我们在待人接物的时候有一颗平常心。

在非洲的戈壁滩上有种小花叫作依米。这种花需要忍耐六年的漫长岁月才能开一次花，而花期却只有两天。两天过后，这种花便迅速枯萎了。

由于气候干旱、土地贫瘠，更何况这种小花只有一条根吸收水分。在六年的时间里，炎炎烈日烧灼它，漫天风沙肆虐它，然而依米毫不气馁，依然默默地生长、默默地等待，因为它知道，总有一天，根须深入到一定程度就会绽放绚丽的花朵。依米用生命的轨迹向我们昭示，只有忍耐才能美丽，只有忍耐才终有成就。

柏拉图说："稍忍须臾是压制恼怒的最好办法。"一个能伸能屈的人，不会因为一时的激愤而忘记了忍耐，因为那样只会让自己更加被动。

为了消除仇恨，宽容和忍让无疑是制止报复的良方。如果经常戴上这个"护身符"，就可保你一生平安。因为善于宽容忍让的人不会被世上不平之事所摆弄，即使受到他人的伤害，也绝不冤冤相报，而是会时时提醒自己："邪恶到我为止。"

宽容大度，能使伤害你的人感到无地自容，能激起他灵魂的真正震撼，同时又中止了你敬我回的恶性循环，更为难得的是宽容大度还能带来心理上的平静，能为你赢得宝贵的时间，把精力投入事业中去。

而忍让，就是让时间、让事实来证明自己的一种方法。归根到底，退步的忍让是一种变相的争取，因为只有这样才能够摆脱人与人之间没有原则的纠缠和没有必要的争吵。

当然，忍让并不意味着懦弱可欺，相反，有忍让之心的人往往更具备自信和坚韧的品格。古人所说的“忍”字，至少包括了两个方面的德行：其一是坚韧、顽强。晋朝朱伺说：“两敌相对，唯当忍之；彼不能忍，我能忍，是以胜耳。”这里的“忍”，也就是顽强精神的一种体现。其二是懂得克制自己。《荀子·儒效》中说：“志忍私，然后能公；行忍惰性，然后能修。”被称为“亘古男儿”的宋代爱国诗人陆游是一个“上马击狂胡，下马草战书”的英雄人物，他同样也写下过“忍常须作座右铭”。这样的忍耐，不正凝聚着他们顽强、坚忍的可贵品格吗？有谁能够说他们是懦弱可欺呢？

其实，控制一切不良情绪的根本处方还是在于个人，至于人们所感受的压力、抱怨、焦虑，都是由心而生的一种感觉，如果一个人能认识到这一点，或许他就会真正地控制自己。相反，如果一个人不能控制自己，那他永远是自己情绪的奴隶。

诚然，控制自己冲动的情绪并不是一件容易的事情，因为我们每个人心中永远存在着理智与感情的斗争。谁都有自己的自尊，谁也不愿意容忍别人对自我的侵犯。但是，如果你不想永远被别人踩在头上，你就必须忍耐一时。

所以，控制冲动的简单技巧是：按理智判断行事，克服追求一时感情满足的本能愿望。一个真正具有控制冲动能力的人，即使在情绪非常激动时也是能够做到这一点的。

人的内心都有希望被人注目、受人重视、被人容纳的愿望。为了充分利用人类内心深处的欲望，要用善意的、亲切的、温和的态度与人交往。只要你控制住自己与人为善，你就会自然而然地处理好人与人的关系。因此，一个人想要成功，就必须成为一个态度温和、意志坚定而又善于忍耐的人。

第15章
自控力之心态管理

心态看不见、摸不着，但是却实实在在地影响着我们每个人的命运。有什么样的心态，就会有什么样的人生。如果没有一个积极的心态，人就不可能做到自律。积极的心态可以使我们的人生之路越走越宽、生命的价值越来越大，成就事业、获得幸福。

◎ 心态决定人生的处境

试想一下，为什么有些人就是比其他的人更成功、赚更多的钱、拥有不错的工作、良好的人际关系、健康的身体，整天快快乐乐地过着高品质的生活，似乎他们的生活就是比别人过得好？而许多人忙忙碌碌地劳作却只能维持生计？其实，人与人之间并没有多大的区别，但为什么有许多人能够获得成功，能够克服万难去建功立业，有些人却不行？不少心理学家发现，这个秘密就是人的心态。

关于心态，一位哲人说："你的心态就是你真正的主人。"一位伟人说："要么你去驾驭生命，要么是生命驾驭你。你的心态决定谁是坐骑，谁是骑师。"成功学大师戴尔·卡耐基说："人与人之间只有很小的差异，这很小的差异却造成了巨大的差异。很小的差异就是心态，巨大的差异就是不同心态产生的结果。”马斯洛说：“心若改变，你的态度就会跟着改变；态度改变，你的习惯就会跟着改变；习惯改变，你的性格就会跟着改变；性格改变，你的人生就会跟着改变。”

是的，有什么样的心态，就会有什么样的人生。一个人若是被一些消极的心态所左右，他的人生航船便很有可能驶入浅滩，失去发展的机会；一个人若是一生持有良好的心态，那么他的人生之路就会越走越宽，生活的景色就会越来越美，生活的价值就会越来越大。

因此，对一个生活和事业都想取得成功的人来说，心态非常重要。如果你保持积极的心态，掌握了自己的思想，并引导它为你的生活目标服务，如此你就能享受生活的美好。

环境不易改变，不如改变我们自己；性格不易改变，但是心态却可以调整。因此，你要激发你的潜力，改变你的心态。心态的不同必然导致人格和作为的不同，最终导致命运的不同。与其在抱怨中失去机会，不如在改造心态中练就本领。改变心态，幸福和成功才能和你拥抱，好心态是决定人生成败的关键因素。

在推销员中有这样一个故事一直广泛流传着：两个欧洲人到非洲去推销皮鞋，由于那里天气炎热，非洲人向来都是打赤脚。第一个推销员看到非洲人都打赤脚，立刻失望起来：“这里的人都打着赤脚，怎么会买我的鞋呢？”于是放弃努力，沮丧地打道回府。另一个推销员见到非洲人打着赤脚，惊喜万分：“这些人都没有皮鞋穿，这里的皮鞋市场大得很呢。”于是想方设法引导非洲人购买皮鞋，最后发了一笔大财。

成功与失败仅在一念之间，这就是心态的作用。同样是非洲市场，同样面对打赤脚的非洲人，由于一念之差，一个人灰心失望、不战而败，而另一个人则满怀信心、大获全胜。

心态是我们真正的主人，它能使我们成功，也能使我们失败。同一件事由具有两种不同心态的人去做，其结果可能截然不同。心态决定人的命运，不要因为自己的消极心态而使自己成为一个失败者。要知道，成功永远属于那些抱有积极心态并付诸行动的人。成功需要健康的心态，没有健康心态的成功早晚会出现漏洞，甚至会塌陷。为什么拿破仑能够顶住压力而叱咤风云？为什么海伦·凯勒在双目失明的情况下，心中依然有光明之梦？这都是健康心态在起作用。

如若我们希望将自己的人生加以改变，最简单且唯一可行的方法即是将我们内心世界的想法付诸改变。我们将心态称为人格，它来源于我们头脑中的思想。当心态改变后，人格随之改变，最后直至改变身边的所有人、事物与环境。改变自身心态之路并非轻而易举，只有通过不懈地努力才有可能得以实现。当我们面对阻力时，我们可以运用视觉化的艺术作用援助自己，即将头脑印象中消极图像用可令自己兴奋的正面图像替代，从而形成令自己满意的精神图像。在保存内心理想图像的同时，请不要忘记将要实现这些愿望时所必须具备的决心、能力、才华、勇气、力量以及其他任何精神能量等一并储存，并放在你内心的最深处，因为这些图像所必不可少的因素会更加容易地将你的精神与理性完全融合和对接，赋予你头脑中的精神图像以勃勃的生机。

当我们追求目标时，请坚信自己可以达到理想中的最高境界，因为此时你已经被赋予了强大的力量源泉的支持，完全有能力应付眼前的一切。当你坚定不移地向着最高目标而努力，精神能量就一定会把最高理想的现实送至你的手中。百炼成钢的道理在这里依然适用，任何事物，只要你长期不懈地坚持，多次重复就会逐渐形成习惯，习惯后的行为在实施时显得是那样轻而易举。同时，如果你努力避免坏习惯，也会使你逐渐从中解脱。努力实践的过程并非一帆风顺，只要坚定这个付出必得的法则就可以战胜每一个困难险阻。而你此时一定为这条法则而欢欣鼓舞，放心大胆地去实践它吧。

如果你想改变自己的世界、改变自己的命运，那么你首先应改变的是自己的心态。只要心态是积极的，那么你的世界就会是光明的，你的人生就会是成功的，你的命运就会是与众不同的。改造环境之前，最先要实现的是改变自己；而改变自己之前，最迫切的是改变自己的心态，因为每个人无法掌控生存环境，却可以掌控自己的心态，去选择自己的生活方式，即驾驭自己的人生。

◎ 观念对了，世界就对了

常言道，人生在世，不如意事十之八九。这个道理似乎人人都懂，但很容易就被人忘记。很多人，一旦在生活中遇到什么不如意的事情，就感到世界和自己过不去，好像生活就该是一帆风顺似的。其实，仔细地想一想，究竟是世界和我们过不去，还是我们和世界过不去呢？答案不言自明。

是的，不要和这个世界过不去，和世界过不去其实就是和自己过不去。很多人都在生世界的气，对世界感到愤怒，然而有一天，你终会发现，不是这个世界错了，错的只是我们自己。可以说，世界永远都在那里，它什么都没变，太阳今天升起，明天依然会照常升起，仿佛一切都没改变，都是在永恒中运转。可我们呢？谁也不能保证我们的明天会怎样。当然，世界也不会在乎我们对它的看法，但是如果我们的看法错了，却会反过来伤害我们自己。

不要总是抱怨世界，把自己的不满全部发泄到世界身上，怨恨世界和社会没有给你提供一个更好的生存环境。你必须明白，世界是会根据人的心态的改变而改变的，而不是以你的意志为转移的。这与你的智商无关，而是与你看待世界及他人的态度有关。如果你改变了自己的态度，你眼前的世界即使还是原来的那个世界，可在你眼里，它却变得不一样了。因为你变了，当你变得更完美时，世界也会跟着变得更加完美起来。所以，当你对了，世界就对了；当你对世界的看法对了，生活也就对了。

有这样一个故事。

有一位牧师正在考虑第二天如何布道，却总也想不出一个好的讲题，于是他很着急，而他六岁的儿子总是隔一会儿就来敲一次门，要这要那的，弄得他心烦意乱。

为了安抚儿子，不让他来捣乱，情急之下，他把一本杂志内的世界地图夹页撕碎，递给儿子说："来，我们做一个有趣的游戏。你回房子里去，如果你能把这张世界地图拼好还原，我就给你一美元。"

儿子出去后，他把门关上，得意地自言自语："哈哈，这下终于可以清静清静了。"

谁知没过几分钟，儿子又来敲门，并说地图已经拼好，他有点儿诧异，也有点儿不太相信，就跟着儿子一块儿来到了儿子的房间。果然，那张撕碎的世界地图完完整整地摆在地板上。

"怎么会这么快?"牧师吃惊地看着儿子，不解地问。

"是这样的。"儿子说，"世界地图的背面有一个人的头像，头像对了，世界地图自然就对了。"

儿子无心说的一句话给了牧师深刻的启发，牧师慈祥地爱抚着儿子的头，若有所悟地说："说得好啊，人对了，世界就对了，我已经找到明天布道的题目了。"

这个故事提示了一个简单而又深刻的哲理：简言之，我们周围的世界如何取决于我们每个人，也就是我们的世界是什么样子取决于我们每个人是什么样子、取决于我们对世界的看法，看法对了，世界就是对的。

如果你发现自己长期处在忧虑、痛苦中，就需要提醒自己在哪里出现了问题，因为人的正常状态是感到和谐而完满的。

其实，改变这个世界的关键就在于改变自己的想法。

改变自己的心态，就能改变自己的世界；改变自己，实质就是改变自己对世界的看法；改变世界，实质就是改变世界对自己的评价。

当你改变了自己的想法，拥有了快乐的思想和行为之后，快乐就如愿而至。

◎ 工作态度决定人生高度

人不能改变过去，但可以改变现在；人不能改变别人，但可以改变自己；人不能改变环境，但可以改变态度。

的确，很多事情我们无法选择也无法改变，譬如我们的出生，与其说我们出生了，不如说我们被出生了。我们可以选择我们的工作态度，改变我们的工作态度。正如一位哲人所说：就算我们到最后什么都失去了，但至少我们还能以踏踏实实的态度、快快乐乐的心情去工作。当你改变了自己的工作态度，一切就都改变了。

所以，看一个人平时的工作态度，就能知道他是否有所成就。因为一个人的工作态度折射着他的人生态度，而人生态度决定了一个人一生的成就，决定了他一生能达到的高度。当一个人的态度明确时，他的各种才能就会发挥出最大的效用，因而产生良好的效果。一个心态非常积极的人，无论他从事什么工作，他都会把工作当成是一项神圣的天职，并怀着浓厚的兴趣把它做好。

众所周知，除了少数天才，大多数人的禀赋相差无几。那么，是什么在造就我们、改变我们？是态度。态度是人们内心的一种潜在意志，是个人的能力、意愿、想法、价值观等在工作中所体现出来的外在表现。

有人努力学习，因为他们相信提高自己的能力就能获得成功；有人烧香拜佛，他们希望这样才能碰到好的运气。殊不知，成功的主要因素就在自己身上，你的态度、想法、观念才是成败的关键所在。

中国台湾青年励志大师何飞鹏提出了世界上最简单的工作成就定律：P=A2。

公式中，P（Performance）指工作成就，A（Ability 和 Attitude）指工作能力和工作态度。

工作成就定律就是一个人工作成就的大小等于工作能力乘以工作态度。在能力一定的前提下，工作态度越好，则工作成就就越大。工作能力不可能为零或者负数，而工作态度有可能存在正负，一旦为负，将给企业造成不可避免的损失。正的工作态度包括负责、积极、没有抱怨、不找借口、乐于学习、坚守道德底线、坚守职场伦理，等等。

所以，任何一个人，只要能够自律，完成好自己的本职工作，就会被企业所重视；踏实肯付出，就会被视为主力战将，并拥有独当一面的机会；以自律的精神面对工作，总是能用热忱感染周围的同伴，就能被众人推崇。反之，如果总是斤斤计较付出与获得是否对等，对公司文化缺乏认同感，以马马虎虎、得过且过的态度对待工作，那么就只能永远蹲守在次要的岗位上，百无聊赖地扮演着可有可无的角色。你希望自己的工作属于前者还是后者？在回答这个问题之前，或许应该先想想，自己能为工作付出到什么样的程度，付出与态度决定了第一个问题的答案，自律的工作态度是创造卓越绩效的首要前提。

一批新人同时进入公司担任相同的职位，做着同样的工作，若干年过去后，在这一批人里，有些人被炒鱿鱼；有些人留在原职位，仍旧做着同样的工作；有些人则一路平步青云，连年升官加薪，成为公司不可或缺的重要人物。为什么有这种差别？全凭运气的好坏吗？不，区别就在于工作态度，是好的工作态度敦促人不断进步。从下面这则古老的故事中，或许可以更加直接地感受到好的态度的重要。

法国古代有一位剑术高超的击剑大师经过多年的精心挑选，选中了两位天赋极高的学生，传授他们剑术，希望他们能够继承自己的衣钵。

学生多戈认为自己天资聪颖、领悟力强，不费什么力气就能学会剑术招式，因此在大师传授剑术的时候总是想着邻家的少女和胜利的勋章，不肯在剑术上多下工夫。

而学生尼斯则不同了，他总是专注地聆听讲解，细心地揣摩剑术的奥妙，无事时便潜心钻研各派剑术的精妙所在。

几年过去了，学生尼斯的剑术大有长进，甚至有青出于蓝而胜于蓝的趋势，声名远扬。而学生多戈的剑术仍旧十分平庸，他会的那几个招式只够他在不懂剑术的朋友面前卖弄一下。

多戈感到很不公平，认为老师一定偏袒了尼斯，把较多的剑术传授给了他，于是便跑去质问老师，老师给他的回答十分简短，只有两个字——态度。

由此可见，在各方面条件相同的情况下，态度会直接影响一个人的发展与前程。

记得有这样一首诗，是泰国著名诗人西巫拉帕的作品，诗的名字叫《重要的是要能出类拔萃》，全诗如下：

“既然我们不是樱花，那就不要抱怨是别的什么，只要美丽就行。富士山只有一座，并非其他的山，就失去了存在的意义。既然你不是武士，那就做侍从好了。如果没有水手，那就谁也当不了船长。如果我们不去铺路，人们怎能行走？让我们去做供人驰骋的大道吧。世上有各种职务和工作，有的高些，有的低些。但我们都会有事可做。假如你做不了太阳，就甘当星星吧。假如你不是男人，也不必为做女人而惶愧。不管是什么，总得选择一样啊。问题不在于是什么，重要的是能够出类拔萃。”

这首充满了社会主义色彩的诗不仅让人想起了马克思的那句著名的话：“社会分工不同，于是就有了文明。”也就是说，工作没有高低贵贱之分，每个人只是分工不同而已。

譬如，有人在农村干活，你在城市工作。为了工作，那些人早早起来去干他们的活儿，你也早早起来去上你的班。让那些人干你的工作不会出色，同样，你也干不好那些人的活儿。你能说他们干的是微不足道的小事，你做的就是大事情吗？显然不能。所以即使你从事的不是什么“伟大”的工作，也不要自卑。要相信你的生命和你从事的工作和所有人的生命一样重要、一样有价值。无论多大的人物，无论他从事的是什么工作，都不应该让你畏惧、退缩，更不应该让你自卑。要知道，每个人都是共生链上不可或缺的一分子。就像诗中所说的，问题不在于是什么，重要的是能够出类拔萃，将自己的工作做好。

不管你从事什么样的职业，就算你是一名普通的清洁工，你也要用正确的态度来对待你的工作，只有如此，你才有可能把它做好，才有可能获得成功。

总而言之，在这个世界上，没有卑微的工作，只有卑微的工作态度。正如比尔·盖茨所说：“工作本身没有高低贵贱之分，而对于工作的态度却有高低之别。收获成功还是失败，在于你拥有怎样的态度。”又如NTL公司总裁罗伯特·威尔兹说：“在公司里，员工与员工之间在竞争智慧和能力的同时，也在竞争态度。一个人的态度直接决定了他的行为，决定了他对工作是全力以赴还是敷衍了事；是安于现状还是积极进取。”

因此，每一名想要有所作为的人都能从自律中汲取力量，通过正确的工作态度迈向成功。当然，成功可能还需靠许多其他的条件相互配合，但至少以自律的态度面对工作绝对不会让自己成为一个无关轻重的边缘人。

◎ 感恩，让一切变得美好

如前文所述，世界的不同不在于它本身，而是在于我们看待它的方式，也就是我们常常说的世界观。世界观的不同决定着我们对这个世界有着不同的认识、不同的理解和看法。所以，除了外在之眼外，每个人还有一双眼睛，它不是长在脸上，而是长在心中，这就是心智的眼睛。这双眼睛比另一双现实中的眼睛更重要，它告诉我们如何看待身外的世界、如何看待自己。当你拥有了一颗感恩之心，你就会用爱的眼睛看世界，而心中有了爱，爱便无处不在，所以，良好的心态能让你正确地看待人生与世界，最重要的是你用什么样的眼睛去看待世界，一切皆取决于你看待世界的方式。

感恩是一种对生命的态度，它不是天生的，而是后天培养出来的。所以，培养自己的感恩心是一门人生的必修课，学会了，才能真正懂得生活。只有抱着一颗感恩的心去生活，才能在心中充满爱，才能感悟到生活的真谛。一个懂得感恩的人才会真正感受到人生的幸福；而一个不知感恩的人是永远都不会满足的人，也是一个永远都不会快乐的人，他们整天只会忌妒别人、怨天尤人，只想着自己的利益、自己需要什么，从不关注这些东西是从哪儿来的。其实，我们每天的生活都在依赖着他人的奉献，没有他人的奉献和付出，就没有我们每天的便利和快乐。

我们每个人都应该明白，生命的整体是相互依存的，世界上每一样东西都依赖着其他的东西。无论是父母的养育、师长的教诲、配偶的关爱、他人的服务、大自然的慷慨赐予……人自从降生起，便沉浸在恩惠的海洋里。当一个人真正明白了这个道理，就会感恩大自然的福佑、感恩父母的养育、感恩社会的安定、感恩食之香甜、感恩衣之温暖、感恩苦难逆境等等，甚至就连自己的敌人也不忘感恩。因为真正促使自己成功、使自己变得机智勇敢、豁达大度的，不是优裕和顺境，而是那些打击、挫折和对立面。

心存感恩、知足惜福，人与人、人与自然、人与社会才会变得更加和谐。心存感恩的人才能收获更多的人生幸福和生活快乐，才能摒弃没有意义的抱怨。生活本身是非常丰富的，如果你自己不去寻找乐趣，而是天天责怪、抱怨生活，那只能说你自己本身就是一个无趣的人。

两个行走在沙漠里的旅人已行走多日，在他们口渴难忍的时候，碰见一个赶骆驼的老人，老人给了他们每人半瓷碗水。两个人面对同样的半碗水，一个抱怨水太少，不足以消除他身体的饥渴，抱怨之下竟将半碗水泼掉了；另一个也知道这半碗水不能完全解除身体的饥渴，但他却拥有一种发自心底的感恩，并且怀着这份感恩的心情喝下了这半碗水。结果，前者因为拒绝这半碗水而死在沙漠之中，后者因为喝了这半碗水，终于走出了沙漠。

这个故事告诉我们，对生活怀有一颗感恩之心的人，即使遇上再大的灾难也能熬过去。当感恩者遇上祸，祸也能变成福，而那些常常抱怨生活的人即使遇上了福，福也会变成祸。

一位国王在林中散步，遇到并爱上了一位娇美的女子，决定娶她为后。女子也爱上了国王，于是欣然答应了国王的求婚，但她提出了一个要求："请在王宫旁给我搭一个简朴的小屋子，我每天会在里面待一个小时，不许偷看。"国王答应了，于是两人结婚了，生活和美、安详、幸福。皇后每天都会到屋子里待一个小时，无人能知其中的秘诀。20多年过去了，皇后却越来越年轻、越来越漂亮。国王渐渐起了疑心：她难道是女巫吗？一天，国王终于忍不住好奇，偷偷跟踪皇后。然而，他惊奇地发现，妻子未施任何法术，她只是坐在圆木凳子上，摘下皇冠，退下首饰，脱去皇袍，赤裸地、沉静地坐着，脸上显现出一种宁静的光彩。

有时，我们是不是都应该有这么一间小屋呢？去里面梳理一下自己的心情呢？可能只占用你一天时间的几十分之一。但当你卸下种种委屈、怨气、虚荣、奢望去梳理自己的心情时，你就会接近内心的真实，找到真正的自己。

在茫茫尘世中，我们的心灵早已被岁月磨得粗糙和麻木，对于感情早已不再心动，但是偶然间，一个善意的目光、一句美好的祝福还是会让我们的心为之一振，原来，世界上只有爱会给我们如此多的感动。

珍惜你的拥有，怀着一颗感恩的心生活；珍惜你的家，带着一颗惜福的心上路，你才会越走越踏实。因为，你的根扎在了大地上，扎进了泥土里。学会感恩吧，让不满和抱怨到此为止，感谢父母亲，感谢所有的亲人给你的爱和关心，感谢所有帮助过你的人给予的所有的温暖和感动，也感谢那些伤害过你的人，因为他们的伤害，才有了你的成长。

◎ 勇于挑战，停止抱怨

每个人都会遇到困难，每个人都有自己的弱点，这些困难和弱点可能会成为我们迈向成功道路上的阻碍。已经成功的优秀者并非没有这些弱点，而是因为他们懂得自律、敢于挑战困难并且通过自律战胜自己的弱点。

例如，许多人虽然具备了获得成功的种种能力，但是却有一个致命的弱点：缺乏自信心、缺乏挑战的勇气。保守是这类人奉为真理的行事准则：开车绝对不走新路线、买饮料绝对不挑新口味、买衣服从不选择新颜色，简单地说就是不喜欢改变既定习惯。在工作方面也是一样，对于已经做熟了的工作，就算再无聊、再枯燥、再怎么缺乏前瞻性，也不轻易考虑离职。可是也许你会想起之前说过，就算是例行公事也要尽本分吗？没错，就算无趣到极点、简单到不行的工作，优秀的人仍然会恪尽本分地完成它，但优秀的人也懂得时候到了脚步得向前迈出的道理，否则如何能获得成功呢？毕竟成功不会主动来找你。

尽本分和缺乏自信是截然不同的，当你尽本分地做着无聊的工作时，可以从中寻找获得与享受，然后乐在其中，因为你掌握了选择权而选择尽本分。但缺乏自信者则不相同，因为没有尝试与突破的勇气，等同于被迫留在原地。当一个人被迫从事某些事情的时候，大概就很难从中感受到乐趣了。

保守不是坏事，但过于保守绝对会限制个人的发展。从工作上来说，为了避免错误，所以每当面对工作中不时出现困难与挑战时，总是选择一躲再躲，想方设法地拖延，绝不主动发起攻势，更别说寻求解决之道，因为“多做多错，少做少错，不做不错”就是他们的工作哲学。结果，终其一生也只能从事一些浅层次的平庸工作，错过了无数次更上一层楼的好机会。

这种心理是沉重的精神枷锁，是一种消极的、不良的心境，它会消磨人的意志、弱化人的信念、淡化人的追求、钝化人的锐气，使人们畏缩不前，从自我怀疑和自我否定最终走向自我消沉和自我埋没。期望能在工作上有所成就的人一定要改变这种畏首畏尾的自卑心理。每个人都拥有不可预知的巨大潜能，你越相信自己，就能越发出色地完成更多工作。

莲花出淤泥而不染，所以更庄严清净；鲑鱼逆势而勇上，所以更健硕强壮；探索者不怕危险困难，于是可以挑战自己的体能极限。人生总是充满了种种的艰难困苦，这些困苦看似阻挡了人前进的脚步，而实则是淬炼人生的最好手段，是成功的催化剂。

很多人都在抱怨：我为什么那么不顺？但是他们从来没有想过，正是这些“不顺”才给了自己不断提升的可能。如果因为遇到一些逆境就自暴自弃，无疑等于浪费了生命对自己的恩赐。星云大师说：“人生正是因为有着种种的横逆阻拦，而我们不断超越升华，才显出意义。因此，人生困顿，更要坚强；世道崎岖，更要勇敢；处世难公，更要自发；做人难正，更要实在。”

遇到人生中的逆境，千万别抱怨，因为抱怨是一个无底的深渊。遇到烦恼抱怨、遇到委屈抱怨、遇到困难抱怨……殊不知，过于抱怨生活，过于发泄对生活的不满，生活就会如数还给你，这就是生活的规律。

不抱怨能让自己变得睿智、坦荡，更容易获得成功。所以，我们应该学会不抱怨地生活，在生活中尽量用自律的心态去克制自己的抱怨。每当你心有不满时，不妨细细思索：如果夫妻间总是相互指责，那么温馨的家庭生活就是镜花水月；如果朋友间总是互相埋怨，心灵相契的友谊就如阳光炙烤下的白雪；如果同事间无法平心静气地相处，团队的和谐和集体的力量就都是空谈。

人们在生活中都多多少少会遇到不顺心的事情。在平静的港湾中生活的人，很难体会到与风浪搏斗的乐趣，也很难享受到成功之后的喜悦。只有在风浪起伏中不抱怨，把握好航船的舵盘，从惊涛骇浪中勇敢穿行而过，才能体会到搏击的快乐。花繁柳密处拨得开，方见手段；风狂雨骤时立得定，才是脚跟。平静的湖面从来练不出精干的水手，只有那些经得起生活考验的人才能获取最后的成功。

◎ 释放心情，给心灵放个假

压力是一种无形的伤害，不管它来自何方，它都会不可避免地伴随我们过完一生，对于我们的生理、心理和行为产生很多的不利影响。

有些人认为，自律就是应该让自己努力做事，不管压力多大都不能逃避，这其实是一种错误的看法。真正的自律应该是在自己压力范围之内的自律精神。如果一个人片面地要求自己自律而完全忽视了自己承受压力的水平，也是得不偿失的。

早在 2003 年的时候，北京某调查公司通过网络调查的方式针对北京 415 名 20—50 岁的职业白领（男性占 45.8%，女性占 54.2%）进行工作压力的调查研究。结果显示，41.1%的职场白领们在较大的工作压力中疲于奔命，61.4%的职场白领们正承受着不同程度的心理疲劳。

某杂志中文版曾经对 1576 名企业高级管理人员进行的一项调查显示：70%的企业高管感觉自己当前承受的压力非常之大，其中 21%的企业高管认为自己压力大过于危害健康的程度。在此次调查中，55%的调查对象为企业的最高管理层人员，其中有董事长、总裁和总经理等岗位人员，其余的 45%是企业中层主管级人员。在性别构成中，男性占 85%。调查显示，企业高管自我感觉到的压力与他们的性别和职位有着非常明显的相关性。男性企业高管自我描述的压力明显高于女性企业高管。

调查进一步显示出，职务较高的企业管理者和职务较低的企业管理者的压力来源具有一定差异。较高管理层压力源排前五位的是：个人职责、企业气氛、角色矛盾、人际关系和日常琐事；较低一级的企业管理者的压力源排前五位的是：职业前景、企业气氛、人际关系、个人职责和角色矛盾。

其实，这些职场人之所以压力太大，就是因为没有客观地评估自己的压力水平，他们把不顾一切地投入当作是自律，这其实是错误的。

人们给自律下的定义是：针对自身的情况，以一定的行为标准和行为准则指导自己的言行，严格要求自己和约束自己。要严格要求自己，我们就要看到一个关键词，那就是必须针对自身的情况。如果一个人不针对自己的情况，盲目地要求自己就意味着要承担超负荷的压力，最终会让自己的心态产生负面的变化，进而影响到自己的身体健康。

这项调查还清楚地显示：25 岁以下高级企业管理者的心力衰竭水平程度

明显高于年纪更大的人。某家企业咨询服务中心的首席顾问张西超认为，25岁以下的职场白领们急于证明自己的能力，但同时容易不断地为自己增加压力，结果导致自身相对欠缺应对压力的能力和经验，非常容易出现心力衰竭的现象。

同时，产生的压力还和各种疾病有关，如冠心病、高血压、糖尿病、脑梗塞、高黏滞血症、高尿酸症等职业病正是危害职场白领身体健康和事业发展的重要原因。“过劳死”所产生的悲剧也不断地让更多的人惊醒，职场白领的压力开始越来越引起人们的广泛关注和重视。如何减轻自身过于沉重的压力、保持适度的压力环境、提高工作效率，以及如何从高强度的工作负荷中解脱出来，而使自己快速地成长起来，已经成为众多职场白领们很关注或需要马上去考虑的重要问题了。

◎ 放平心态，做一个冷静的人

受挫时要保持冷静，在冷静中镇定反省；成功时更需冷静，在冷静中寻找新的起点，创造更大的辉煌。冷静与思考相辅相生，它使人深邃、催人成熟；冷静即力量，它使人充实、永葆青春。

一个人若不能控制自己的心态，放任自己的负面心理，便很难获得成功。所以，在一切困难和坎坷面前，你一定要做到心态上的自律，让自己始终保持冷静。

西方有这样一则寓言：

一只狮子被猎人捉来后扔进笼子里。一只蚊子飞过这里，看到了在笼子里面不停地走来走去的狮子，问："你这样走来走去有什么意义？"狮子回答说："我在找我能够逃出去的路。"可狮子怎么也逃不出去，于是它躺下来休息，不再去想逃走的办法。可是蚊子还是在火急火燎地询问它逃出去的办法。

狮子无精打采地说："我现在在休息，因为我找不到逃出去的办法，所以还是耐心地等待机会吧。"

当蚊子还想问时，狮子终于发火了："你总是这样问来问去的有什么意义？我始终都清楚自己在想什么、在干什么，因为我一直保持着清醒，实在逃不出去我也没有办法，我已经尽力了，不像你只会问来问去。"

虽然狮子最终没有逃过被杀死的命运，但是它却始终保持了清醒的头脑，这使它不会感到遗憾，因为该想的办法、该做的努力它都已经试过了。

其实，人也应该这样，也需要始终保持清醒的头脑，只有这样，一生才能无所遗憾与牵挂，才能够清醒地认识自己。这有利于我们更好地完善自己，实现人生的全部意义。

有段话是这样说的："冷静质疑是理想的筋骨，保持冷静质疑的态度也是清醒的表现。人生中最大的痛苦就是糊涂一生，虽然有时会说糊涂也是一种幸福，但更多的则是悲伤与苦涩。"

冷静说起来容易，但是做起来却很难。我们太容易愤怒、太容易慌张，所以要想冷静就要有强大的自律精神。古今中外，因为不冷静而铸成大错的例子不胜枚举。著名的俄罗斯诗人普希金就是因为不够冷静，在听说自己的情人被他人纠缠时，冲动地找情敌比剑，结果白白断送年轻的性命，成为世界文学史上重大的损失。《三国演义》中的关羽也是由于不够冷静，不能对当时的战场情况做正确的分析，一味地蔑视敌人，结果兵败走麦城，死于无名小卒的绊马绳索之下。

人类有一个有趣的特征，那就是越到需要紧迫做出决定的时候，思想越容易混乱，有的人的思维干脆已经不做反应了，这就是人们常说的“惊呆了”、“急懵了”、“惊慌失措”，等等。就是在这种情况下，很多不幸就这样发生了。这时，假如你能有冷静的情绪、清醒的头脑，很多危险都是可以杜绝或化险为夷的。就像伟大的军师诸葛亮一样，在司马懿率重兵于城前之时，他却能够保持冷静的头脑，上演一出“空城计”，令司马懿狐疑不敢前行，最后退兵。这是何等的冷静和睿智。

因此，你要记住，越在危急的时候越需要冷静。假如你的生活中出现了重大的变故，你一定要保持镇静，至少看上去是镇静的。因为惊慌是带有传染性的，你会把这种坏情绪传染给你身边的人，这样，他们会更加惊慌，如此这般很容易形成恶性循环，乃至造成很严重的后果。

有这样一个故事：

青蛙王国的国王要为女儿选胥，要求就是组织一场攀爬比赛，第一个爬到塔顶的青蛙就会得到貌美如花的青蛙公主。

因此，群蛙纷纷报名，场面甚是热闹。

这是一个非常高的铁塔，仰头都看不到它的顶端，仿佛直插云霄一样，看一眼就让人感觉头晕目眩，比赛还没开始，就有一些青蛙临时退出了比赛。

比赛开始了，围观的群蛙纷纷议论着，它们认为爬塔的难度太高，不可能成功。

这座铁塔的确很难爬，又陡又滑，一不小心就会丧命，再加上群蛙们不停地议论，所以，青蛙们一只接一只地开始泄气退出，仅有情绪高涨的几只还在往上爬。

下面的青蛙继续喊着，太难了，不可能爬上塔顶的，会丧命，上面的赶紧下来。

就这样，越来越多的青蛙累坏了，退出了比赛。

最后，仅有一只却还在越爬越高，一点儿没有放弃的意思。终于，它成为唯一一只到达塔顶的胜利者。

它哪来的那么大的毅力爬完全程呢？难道它不知道爬塔很危险吗？难道它没听到塔下群蛙的议论吗？

大家议论纷纷，胜利者却置若罔闻。

这时大家才发现，这只抱得美人归的青蛙原来是个聋子。

故事中的聋子青蛙之所以能够坚持到最后，就是因为它没有被周围的恐慌气氛所影响，保持着冷静的态度。这就说明，其实大部分时候，我们所面临的处境并没有那么可怕，但是不冷静的流言却放大了恐惧，使我们总是生活在恐慌之中，由此可见冷静是多么可贵的品质。

那么，当我们在生活中遇到难题的时候，该如何保持冷静、克服内心时常产生的烦恼情绪呢？下面提供几条比较实用的建议：

1. 冷静防火墙一 ——“想法灭火”

你会心生不满，是因为你对身处的状况做出了不利于自己的评价。例如：“他迟到那么久，根本就是不在乎我！”或者会认为：“他是故意伤害我的感情！”这么一想，你当然怒不可遏，心里立刻愤愤不平。

在“动念发火”的当下，只要能多一分自我觉察的功力，在心中与自己做辩论：“且慢，这个解释真是唯一正确的答案吗？”于是，你心中便会产生其他的想法来做解释：“也许他是不得已才迟到的！”“恐怕是我错怪了他！”这样就能成功发挥第一道防火墙的灭火功能而不致失去理智。要建筑坚固有力的防火墙，你必须拥有良好的自觉能力以及具备同情心和善意解读世界的能力。

2. 冷静防火墙二——“冲动灭火”

万一第一道防火墙被突破，你没来得及拦截住心中负面的情绪，这时就会产生一些冲动的念头：“我就要给你点儿颜色瞧瞧！”“我豁出去了，不让你难受，我誓不罢休！”经验告诉我们，即使再温柔和善的情商高手也曾有过不理性的冲动念头——“我真想打人！”

这个蠢蠢欲动的当下，如果“灭火”得当，就能避免悲剧的产生。怎么做呢？建议你跟自己的心对话：“再等一下就好。”然后开始进行“数数法”，在心里如此默数：“1、4、7、10、13……”以此活络大脑的理性中枢，而其他的理性想法也就能跟着出现：“等等，这么做并不能真正解决问题。”因此能悬崖勒马，不致冲动行事。

人总是太容易生气。遇到不如意的人、事，心中便生出怨恨而气恼，因为气恼，所以我们的人生变得怨气冲天、毫无乐趣。在面对责难和不幸时，能够保持冷静是成功者的美德。

3. 冷静防火墙三——“行动灭火”

万一发现前两道防火墙也失效，于是你发觉自己开始恶言恶语，要不动手动脚起来，这时虽然你已经开始非理性的行动，只要不放弃，你仍然是能够冷静的。例如，一旦意识到自己的言行失态，就要考虑到自己的格调：“这实在不像我！”以及对方所受的身心创伤：“天哪，他会被我打伤！”就能立即停止动作，避免造成更进一步的伤害，这样就能为行动灭火而逐渐冷静下来。

抓狂，是需要冲破三道防火墙的，只要你做好情绪的“消防检查”，了解自己哪一道防火墙仍待加强、多加练习后，就能为激情灭火，平心静气而冷静自在，获得幸福与快乐的人生。